环境影响评价实践教程

主　编　赵晓莉

副主编　徐德福　赵金辉

電子工業出版社

Publishing House of Electronics Industry

北京·BEIJING

内容简介

环境影响评价是一门实践性很强的课程，因此专门设置了对应课程内容的实践环节、案例设计环节、课程设计环节，力图通过建设项目案例分析与课程设计相结合的双层次实践教学模式，强化学生的环境影响评价技能训练，培养学生的环境影响评价综合素质。

本书共6章，包括课程实践概述、课程实训环节、课程实习环节、课程设计指导、典型项目环境影响评价技术要点、环境影响评价案例分析，以及3个附录。全书详细介绍了环境影响评价中的不同环境要素评价因子的选择、环境要素的现状评价方法、工程分析、污染源调查与评价、环境要素的影响评价模型、风险分析等，深入阐述了基本原理、方法及关联知识，并在章节之后增加"任务和问题"部分，方便学生融会贯通。

本书可作为高等院校环境类专业本科生或研究生的专业实践教材，也可为环境及相关领域的同行提供参考。

图书在版编目（CIP）数据

环境影响评价实践教程 / 赵晓莉主编. —北京：电子工业出版社，2024.5
ISBN 978-7-121-47820-8

Ⅰ. ①环… Ⅱ. ①赵… Ⅲ. ①环境影响－评价－教材 Ⅳ. ①X820.3

中国国家版本馆 CIP 数据核字（2024）第 089714 号

责任编辑：李　敏
印　　刷：天津千鹤文化传播有限公司
装　　订：天津千鹤文化传播有限公司
出版发行：电子工业出版社
　　　　　北京市海淀区万寿路 173 信箱　邮编：100036
开　　本：787×1092　1/16　印张：13.75　字数：256 千字
版　　次：2024 年 5 月第 1 版
印　　次：2024 年 5 月第 1 次印刷
定　　价：69.00 元

凡所购买电子工业出版社图书有缺损问题，请向购买书店调换。若书店售缺，请与本社发行部联系，联系及邮购电话：（010）88254888，88258888。

质量投诉请发邮件至 zlts@phei.com.cn，盗版侵权举报请发邮件至 dbqq@phei.com.cn。

本书咨询联系方式：（010）88254753 或 limin@phei.com.cn。

环境影响评价是指对规划和建设项目实施后可能造成的环境影响进行分析、预测和评估，提出预防或减轻不良环境影响的对策和措施，并进行跟踪监测的方法和制度。环境影响评价本身是一种科学方法和技术手段，通过理论研究和实践检验不断改进、拓展和完善；同时，环境影响评价是必须履行的法律义务，环境影响评价报告需要由生态环境行政主管部门审批。环境影响评价制度的实施，可以防止一些建设项目对环境产生严重的不良影响，通过对可行性方案的比较和筛选，可以将某些建设项目的环境影响降到最低限度。因此，环境影响评价制度同国土利用规划一起被视为贯彻预见性环境政策的重要支柱和卓有成效的法律制度，在国际上越来越受到广泛的重视。

加强实践能力是 21 世纪环境科学与工程专业本科生素质教育的关键，在培养具有高竞争力和创新精神的复合型高素质环境专业人才的过程中，实践环节显得尤为重要。环境影响评价实践课程是环境科学与工程专业的实践课程之一，是环境科学与工程专业的核心课程——环境影响评价课程的重要实践环节。《环境影响评价实践教程》着力理论联系实际，并在设计和创新中将实训、实习、设计结合，其目的是提高学生综合运用知识、分析问题和解决实际问题的能力，并增强学生的创新能力和就业能力。

本书分 6 章，包括课程实践概述、课程实训环节、课程实习环节、课程设计指导、典型项目环境影响评价技术要点、环境影响评价案例分析。本书在编排上采用各部分独立的方式，每个环节具有完整性、实用性、独立性。

第一章为课程实践概述，介绍环境影响评价实践环节的目的和意义，以及环境影响评价实践环节的主要目标、主要内容、要求等。

第二章为课程实训环节，主要包括评价因子选择、评价等级划分、污染源调查与评价的基本内容、不同环境要素的评价模型等。

第三章为课程实习环节，主要针对不同环境要素现场实地调查、监测分析、模型选取等，并根据实际情况对所调查内容进行评价。

第四章为课程设计指导，主要包括环境影响评价中不同环境要素的环境影响评价的内容、方法、工作程序及有关要求，最终使学生掌握环境影响评价专项报告的编写方法和编制要点。

第五章为典型项目环境影响评价技术要点，主要学习近年来环境影响评价的审批新要求，以及一些典型污染型项目和生态影响型项目的评价要点。

第六章为环境影响评价案例分析，主要通过学习一些实际环境影响评价案例分析，提升学生分析实际问题、解决实际问题的能力。

本书在编写风格上进行了改革，强调学生在理解概念、原理、模型的基础上做到“三会”，即会选择评价方法、会进行计算、会进行评价，让学生参与实践教学全过程，通过教学使学生真正掌握环境影响评价的相关技术方法，又好又快地完成环境影响评价设计实践任务。

本书将环境监测、环境工程原理、环境影响评价、清洁生产、环境规划与管理等课程融为一体，可以作为其他相关学科环境影响评价实践环节的参考书，也可以作为环境科学与工程相关人员的参考资料。

本书由赵晓莉主编，徐德福、赵金辉副主编。其中，赵晓莉编写第四、五、六章，徐德福编写第一、三章，赵金辉编写第二章。杨舒涵、王一帆、张显松协助对本书进行了文字校正，在此表示感谢！

本书在编写过程中，参考了大量的文献资料及图表，编者在此对所有被引用的文献作者表示诚挚的谢意！

本书的编写是一项复杂的工作，由于编者水平有限、实践经验不足，书中缺点和错误在所难免，敬请读者批评指正。

编　者

2023 年 11 月

目录 CONTENTS

第一章　课程实践概述

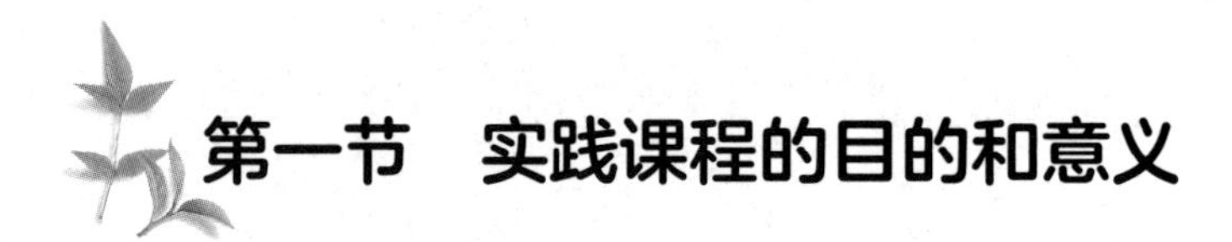

第一节 实践课程的目的和意义

一、环境影响评价实践环节的目的

（一）意义

环境影响评价实践环节包括课程实训、课程实习、课程设计等环节，是完成理论教学之后的一个重要实践教学环节，目的在于考察学生是否掌握了本课程的基本理论知识，特别是环境质量评价方法、工程分析方法、环境影响预测方法，以及学生是否具有灵活运用环境影响评价基本知识的能力。通过本课程的基本实践，学生能够将理论知识与实际应用紧密结合起来；通过小组内合作，学生能够顺利完成工程分析报告、环境质量报告、环境影响报告表的编制，并进行专业工程图纸绘制的综合性实践训练，提高分析问题、解决问题的能力，为以后从事相关工作打下良好的专业基础。

（二）课程目标

环境影响评价课程设计及其相关实践环节主要通过资料调查、分析计算及环境影响评价报告的编写，掌握环境影响评价报告的基本内容，熟悉国家标准的相关规定，巩固环境影响评价相关理论基础知识，提高学生编制环境影响评价报告及绘制专业工程图纸的能力。

环境影响评价实践课程目标包括知识目标、能力目标和价值目标，具体如下。

目标 1：巩固环境影响评价课程的相关知识内容，如生态环境相关的标准，掌握不同环境要素的环境质量评价方法、污染源调查评价方法、工程分析方法等，掌握不同环境要素评价等级划分、环境预测方法及应用，掌握编写环境影响评价报告的基本方法和步骤。

目标 2：培养学生严肃、认真、细致的科学态度和工作作风。

目标 3：强化学生绘制工艺流程图、地理位置图等的基本技能。

目标 4：培养学生综合运用环境影响评价及相关课程所学理论知识的能力，提升学生独立解决实际工程问题的能力。

目标 5：培养学生树立正确的设计思想，使学生掌握查阅资料、使用相关技术资料的方法和途径，养成积极思考和主动解决问题的习惯；训练学生具备合格的环境影响评价技术人员应具备的基本设计能力和客观求实的工匠精神。

二、环境影响评价实践环节要求

要求 1：能够掌握和应用解决环境工程领域相关复杂工程问题的工程基础知识。

要求 2：能够应用数学、自然科学和工程科学的基本原理，通过文献研究，识别、表达、分析环境工程领域相关复杂工程问题，并得到有效结论。

要求 3：能够针对环境工程领域相关复杂工程问题，选择和使用恰当的技术、资源、现代工程工具和信息技术工具，对环境工程领域相关复杂工程问题进行预测和模拟，并能够理解相关方法和工具的局限性。

要求 4：能够理解和评价针对环境工程领域相关复杂工程问题的工程实践对生态环境、社会可持续发展的影响。

要求 5：能够就环境问题与外界进行有效的沟通和交流，包括撰写环境影响评价报告和设计文稿、清晰表达，并能够在跨文化背景下沟通和交流。

第二节 实践环节的内容与教学过程

实践环节包括课程实训、课程实习、课程设计等，是完成理论教学之后的一个重要教学环节。

一、环境影响评价课程实训环节

本部分内容共 14 个独立实训环节，包括：评价因子选择，不同环境要素环境质量评价，建设项目环境影响识别，污染源调查，污染源评价，建设项目工程分析，环境影响评价等级划分，不同环境要素的环境影响评价模型，环境风险评价等环节。通过单元知识的回顾及相关计算，巩固所学习的基本理论知识，强化专业基础。

二、环境影响评价课程实习环节

环境影响评价课程实习环节是课程教学的重要组成部分，是培养学生收集环境影响评价相关资料和综合运用相关理论知识能力的实践教学重要环节。通过实习，学生可以掌握环境影响评价技术导则应用，熟悉环境影响评价报告编制，巩固所学理论知识，并提高分析问题和解决问题的综合能力。

三、环境影响评价课程设计环节

1. 课程设计要求

环境影响评价课程设计是针对项目背景环境质量评价、污染源评价计算、不同环境要素的环境影响评价模型选择及计算、相关工程图纸绘制的工作。

环境影响评价课程设计涉及的理论知识范围广泛，需要有一定的专业基础。因此，该课程一般设置在环境监测、环境影响评价等相关理论课程及基础课程结束后第六学期或者第七学期，根据各校具体情况进行。若停课进行课程设计，则为期 1～2 周；若与理论课程同步进行，则可适当延长至 4～6 周。

环境影响评价课程设计是系统培养学生工程应用能力的过程，有助于提高学生查阅文献资料、分析整理资料、选择技术方法及计算、绘制工程绘图、编号环境影响评价报告的能力。总体来说，老师应对课程设计的全程进行把控，对各个环节有明确的任务和安排，帮助和指导学生正确理解课程设计的目的和要求，让学生明确课程设计的完成步骤和详细方法，并针对自己的选题进行课程设计，完成相关的设计任务。

课程设计分为 6 个阶段，每个阶段任务较明确，如表 1-1 所示。

表 1-1 环境影响评价课程设计阶段及任务

阶 段	任 务	学 时	地 点
（1）设计动员	介绍课程设计的目的、要求、设计题目及分组情况；针对课程设计说明撰写、图纸图幅选择和时间节点，引导学生认识课程设计的重要性和必要性，使其严格按照课程设计要求，在接下来的时间内保质保量完成任务书规定的各项内容		设计室
（2）下达任务	指导老师编写任务书分发给学生，任务书包括设计题目、设计目的、设计任务和原始资料，以及设计内容、设计要求等		设计室
（3）查阅资料并进行工程分析	熟悉生态环境保护的相关标准、生态环境产业咨询相关政策；查阅资料，进行现场环境的评测；初步分析、判断主要污染源及主要污染物；进行工程分析		设计室
（4）设计及计算	选择合适的环境质量模型，进行大气、水体、声、生态环境质量评价		设计室
	进行污染源评价预测		
	根据项目概况，进行大气、水体、声、生态环境评价等级划分，确定最终评价等级		
	选择合适的环境影响评价模型，进行大气、水体、声、生态环境影响评价		
	进行大气、水体、声、生态污染控制及生态环境保护措施分析，提出切实可行的生态环境保护措施		
	根据工程分析结论进行环境预测及风险评价		
（5）图纸绘制及报告编写	绘制工艺流程图、平面布置图、地理位置图等		设计室
	根据计算结果，按照规定格式编写环境影响评价报告，要求内容完整、层次清晰、语言通顺、书写工整，并装订成册		
（6）考评	根据环境影响评价报告及图纸的完成情况、学生小组答辩情况，并结合考勤和平时表现，进行综合评定		

2. 课程设计的技术要求

（1）通过学习、研究类似工程的环境影响评价案例，使学生掌握环境影响评价报告的编制格式及要点。

（2）将班上学生按每 3～5 人进行分组，每组推选一名负责人，并由其细化组内成员分工。

（3）可以进行实际勘查或调查，初步了解待评价项目所在地生态环境现状及工程概况。

（4）指导学生到相关单位或部门进行调研及查阅相关文献，编写环境影响评价报告。

（5）进行阶段性总结，对报告中不明确的部分进行复核。

（6）提交课程设计成果，即环境影响评价报告。根据每组成员查阅文献、调研、总结分析及最终成果的质量给出成绩。

环境影响评价报告应包括封面、目录、正文、小结、参考文献等主要部分。其中，正文应包括设计背景、项目来源及委托单位、工程分析、环境现状调查与评价、环境影响评价等级划分、环境影响预测评价、环境风险评价、生态环境保护措施及最终结论（见附录 A）。

第二章　课程实训环节

实训一　评价因子选择

一、目的

1．了解评价因子的含义

2．了解大气、水体、土壤评价因子的内容

3．学会选择不同环境要素的评价因子

二、原理

评价因子是进行环境质量评价所采用的对表征环境质量有代表性的主要污染元素。

选择原则：评价目的、环境功能、环境污染状况（污染源排放的污染因子）、评价标准和检测水平等。

评价因子筛选：在环境影响识别的基础上，按开发建设活动的生态环境制约因素，以及开发建设活动对环境资源的影响因子作用关系，识别和筛选出主要影响因子和环境制约因子。依据环境影响识别结果，结合区域环境功能要求、规划确定的生态环境保护目标（环境质量标准、生态环境保护需求和污染物排放总量控制要求），综合分析开发建设活动产生的环境污染和生态影响因子、环境现状污染和超标因子、环境功能目标因子，并从中分别筛选确定出需要进行环境现状调查、监测、现状评价和环境影响预测、影响评价的主要因子。筛选确定评价因子，应重点关注重要的环境制约因素。评价因子必须能够反映生态环境影响的主要特征和区域环境的基本状况。

三、主要内容

评价因子主要通过污染源评价来获取。

1．大气评价因子

一般选择那些能反映大气环境质量状况，以及在大气环境中起主要作用的因子，如排放量大、浓度高、毒性强、经济损失大的污染物。

大气环境质量评价中常见的评价因子如下。

（1）颗粒物：可吸入颗粒物、细颗粒物、尘等。

（2）有害气体：二氧化硫、二氧化氮、一氧化碳、光化学氧化剂、氟化物等。

（3）有害元素：重金属（如铅、汞等）。

（4）有机污染物：苯并(a)芘。

在具体进行大气环境质量现状评价时，可以从上述评价因子中选择几项，同时可以根据具体评价对象加以补充。

任务 1	查阅资料，列出热电厂的大气环境质量评价因子。
问题 1	为什么要考虑有机污染物作为评价因子？

2. 水体评价因子

一般选择能反映水体基本质量状况、在水体中起主要作用的，以及对环境、生物、人体及经济社会危害大的参数作为评价因子，如排放量大、浓度高、毒性强、难自然分解、易在环境和生物及人体内累积、可能造成较大经济损失的污染因子。评价因子应具有较好的代表性，能正确、客观地反映环境质量状况。

一般河流水质评价因子如下。

（1）感官性因子：味、臭、颜色、透明度、浑浊度、悬浮物、总固体等。

（2）氧平衡因子：DO（溶解氧）、COD（化学耗氧量）、BOD（生化需氧量）、TOC（有机碳总量）、TOD（氧总消耗量）等。

（3）营养盐因子：氨盐（NH_4^-）、硝酸盐（NO_3^-）、磷酸盐（PO_4^{3-}）等。

（4）毒物因子：酚、氰化物、汞、铬、砷、镉、铅、有机氯等。

（5）微生物因子：大肠埃希菌（也称大肠杆菌）等。

任务 2	查阅资料，列出焚烧发电厂水环境质量评价因子。
问题 2	为什么要考虑营养盐因子作为评价因子？

3. 土壤评价因子

（1）土壤肥力：土壤肥力因素包括水、肥、气、热四大肥力因素，具体指标有土壤质地、紧实度、耕层厚度、土壤结构、土壤含水量、田间持水量、土壤排水性、渗滤性、有机质、全氮、全磷、全钾、速效氮、速效磷、缓效钾、速效钾、缺乏性微量元素全量和有效量、土壤通气、土壤热量、土壤侵蚀状况、pH 值、CEC（土壤离子交换容量）等。

（2）土壤环境质量：背景值、盐分种类和含量、硝酸盐、碱化度、农药残留量、污染指数、植物中的污染物、环境容量、地表水污染物、地下水矿化度和污染物、重金属元素种类及其含量、污染物存在状态及其浓度等。

（3）土壤生物活性：微生物量、C 和 N 的比率、土壤呼吸、微生物区系、磷酸酶活性、脲酶活性等。

（4）土壤生态质量：节肢动物、蚯蚓等种群丰富度、多样性指数、优势性指数、均匀度指数。

任务 3	查阅资料，列出山区公路项目土壤环境质量评价因子。
问题 3	为什么要将土壤侵蚀状况作为评价因子？
任务 4	查阅资料，列出火力发电厂项目大气、水体、土壤环境质量评价因子。

实训二　地表水环境质量评价

一、目的

1．了解水环境质量评价的含义

2．了解水环境质量指数模型的内容

3．学会选择水环境质量评价模型

二、原理

水环境质量评价又被称为水质评价，是指根据水的用途，按照一定的评价标准、评价参数和评价方法，对水域的水质或水域综合体的质量进行定性或定量的评定或评价。水质评价的工作内容包括选定评价参数（包括一般评价参数、氧平衡参数、重金属参数、有机污染物参数、无机污染物参数、生物参数等）、水体监测和监测值处理、选择评价标准和评价方法等。

三、主要内容

（一）一般水环境质量指数

1．内梅罗水环境指数

参数：温度、颜色、透明度、pH 值、大肠杆菌数、总溶解固体、悬浮固体、总氮、碱度、氯、铁和锰、硫酸盐、溶解氧。

将水的用途划分为 3 类，具体如下。

（1）人类接触使用的水：饮用、游泳、制造饮料。

（2）人类间接接触使用的水：养鱼、工业食品制造、农业。

（3）人类不接触使用的水：工业冷却水、公共娱乐、航运。

根据以上用途，建立分指数，即

$$P_{ij}=\sqrt{[(C_i/L_{ij})^2_{平均}+(C_i/L_{ij})^2_{最大}]/2} \tag{2-1}$$

式中：

P_{ij}——i 污染物对应 j 类用途水指数；

C_i——i 污染物的实测浓度；

L_{ij}——i 污染物对应 j 类用途水的标准。

当 $C_i/L_{ij}\leqslant 1.0$ 时，取实测值；当 $C_i/L_{ij}>1.0$ 时，取 $L_{ij}=1.0+P\lg(C_i/L_{ij})$，$P$ 为常数，一般为 5。

要确定一个区域的内梅罗水环境指数 P_I 就必须先确定各类用途水的权重（W_j），并且有 $\sum W_j=1$，则

$$P_I=\sum(W_jP_{ij}) \tag{2-2}$$

2. 北京西郊水质系数

$$P_I=\sum(C_i/S_i) \tag{2-3}$$

式中：

P_I——北京西郊水质系数；

C_i——i 污染物的实测浓度；

S_i——i 污染物浓度的评价标准值；

i——某种污染物。

根据北京西郊水质系数，水质可以分成 7 级，如表 2-1 所示。

表 2-1 北京西郊水质系数及对应水质分级

P_I	分　级
＜0.2	清洁
0.2～0.5	微污染
0.5～1.0	轻污染
1.0～5.0	轻度污染
5.0～10.0	中污染
10.0～100	严重污染
＞100	极严重污染

3. 南京水域质量综合指标

$$I=\frac{1}{n}\sum W_iP_i \tag{2-4}$$

$$P_i = C_i / S_i \tag{2-5}$$

式中：

W_i——i 污染物的权重，$\sum W_i = 1$；

C_i——i 污染物的实测浓度；

S_i——i 污染物浓度的评价标准值；

i——某种污染物；

n——污染物种类。

南京水域质量综合指标分级如表 2-2 所示。

表 2-2　南京水域质量综合指标分级

I	等　级	分级依据
＜0.2	清洁	多数项未检出，个别项检出，也在质量标准内
0.2～0.4	尚清洁	检出值在质量标准内，个别接近质量标准
0.4～0.7	轻污染	有 1 项检出值超过质量标准
0.7～1.0	中污染	有 1～2 项检出值超过质量标准
1.0～2.0	重污染	全部或相当部分检测项的检出值超过质量标准
＞2.0	严重污染	相当部分检测项的检出值超过质量标准 1 倍至数倍

4. 有机污染综合评价指数

根据氨氮和溶解氧饱和百分率之间的相互关系，有

$$A = \frac{\mathrm{BOD}_i}{\mathrm{BOD}_0} + \frac{\mathrm{COD}_i}{\mathrm{COD}_0} + \frac{(\mathrm{NH_4\text{-}N})_i}{(\mathrm{NH_4\text{-}N})_0} - \frac{\mathrm{DO}_i}{\mathrm{DO}_0} \tag{2-6}$$

式中：

A——有机污染综合评价指数；

BOD_i、BOD_0——BOD 实测值和评价标准值；

COD_i、COD_0——COD 实测值和评价标准值；

$(\mathrm{NH_4\text{-}N})_i$、$(\mathrm{NH_4\text{-}N})_0$——$\mathrm{NH_4\text{-}N}$ 实测值和评价标准值；

DO_i、DO_0——DO 实测值和评价标准值。

有机污染综合评价指数分级如表 2-3 所示。

表 2-3　有机污染综合评价指数分级

A	污染程度分级	水质评价
＜0	0	良好
0～1	1	较好

续表

A	污染程度分级	水质评价
1～2	2	一般
2～3	3	开始污染
3～4	4	中等污染
＞4	5	严重污染

（二）分级型水环境指数

1. 罗斯水环境指数

在实际工作中，较多的监测项目发现 BOD、氨氮、悬浮固体、DO 这 4 种指标对水环境的影响最大，因此选择这 4 种指标作为评价参数，并分别设置权重。其中，DO 的参数可以是其浓度或饱和度。各评价参数权重如表 2-4 所示。

表 2-4　各评价参数权重

参　数	BOD	氨　氮	悬浮固体	DO
权重	3	3	2	2

在计算之前，先将各个参数进行分级，再按照等级进行计算，即

$$\text{WQI}=\frac{\sum 分级}{\sum 权重} \tag{2-7}$$

规定：WQI 用整数表示，这样就将水质指数分为 0～10（10 为天然纯净水，0 为腐败的原污水）共 11 个等级，数值越大表示水质越好。水质指数各参数的评分尺度如表 2-5 所示。

表 2-5　水质指数各参数的评分尺度

悬浮固体		BOD		氨　氮		悬浮固体		DO	
浓度（mg/L）	分级	浓度（mg/L）	分级	浓度（mg/L）	分级	饱和度	分级	浓度（mg/L）	分级
0～10	20	0～2	30	0～0.2	30	90%～105%	10	＞9	10
10～20	18	2～4	27	0.2～0.5	24	80%～90%		8～9	8
20～40	14	4～6	24	0.5～1.0	18	105%～120%	8	6～8	6
40～80	10	6～10	18	0.1～2.0	12	60%～80%		4～6	4
80～150	6	10～15	12	2.0～5.0	6	＞120%	6	1～4	2
150～300	2	15～25	6	5.0～10.0	3	40%～60%	4	0～1	0
＞300	0	25～50	3	＞10.0	0	10%～40%	2		
		＜50	0			0～10%	0		

2. 布朗水质指数

布朗水质指数选择了 11 种水质参数：溶解氧、BOD_5、浑浊度、总固体、硝酸盐、磷酸盐、pH 值、温度、大肠杆菌数、杀虫剂、有毒元素，然后由专家投票确定每个参数的相对权重。

布朗水质指数计算公式为

$$\mathrm{WQI}=\sum W_i P_i, \quad \sum W_i = 1 \tag{2-8}$$

式中：

WQI——布朗水质指数，其值为 0～100；

P_i——第 i 个参数的评价值，其值为 0～100；

W_i——第 i 个参数的权重，其值为 0～1。

其中 9 个典型水质参数的重要性评价值及最终权重如表 2-6 所示。

表 2-6 9 个典型水质参数的重要性评价值及最终权重

水质参数	重要性评价值	最终权重
溶解氧	1.4	0.17
大肠杆菌数	1.5	0.15
pH 值	2.1	0.12
BOD_5	2.3	0.10
硝酸盐	2.4	0.10
磷酸盐	2.4	0.10
温度	2.4	0.10
浑浊度	2.9	0.08
总固体	3.2	0.08
合计		1.0

四、数据处理

1. 根据选择的水质指数，评价某区的水质情况。
2. 撰写水环境质量报告。

任务 1	查阅资料，分析每种水质指数选择评价因子的积极性和局限性。
任务 2	查阅资料，了解内梅罗水环境指数、布朗水质指数的应用。
任务 3	查阅资料，熟悉撰写水环境质量报告的程序和格式。
问题 1	罗斯水环境指数的权重怎么分配?
问题 2	布朗水质指数的权重如何分配?
问题 3	撰写水环境质量报告时应注意什么?

实训三　大气环境质量评价

一、目的

1．了解大气环境质量评价的含义

2．了解大气环境质量模型的内容

3．学会选择大气环境质量模型进行评价

二、原理

大气环境质量评价是评定一定区域范围内大气环境质量的过程，是单要素环境质量评价的一种，是区域环境质量评价的重要组成部分。

三、主要内容

1．上海大气质量指数

上海大气质量指数为

$$I_{上} = \sqrt{XY} \tag{2-9}$$

$$X = \max\left(\frac{C_i}{S_i}\right) \tag{2-10}$$

$$Y = \frac{1}{K}\sum_{i=1}^{K}\frac{C_i}{S_i} \tag{2-11}$$

式中：

C_i——i 污染物的实测浓度；

S_i——i 污染物的环境质量标准。

$I_{上}$ 的物理意义是 $\frac{C_i}{S_i}$ 的最大值与 $\frac{C_i}{S_i}$ 的平均值的几何平均，它不仅考虑了多种污染物的平均污染状况，而且考虑了某种污染物的最大污染水平。

上海大气质量指数的分级如表 2-7 所示。

表 2-7 上海大气质量指数的分级

分 级	清 洁	轻 污 染	中 污 染	重 污 染	极重污染
$I_{上}$	<0.6	0.6～1.0	1.0～1.9	1.9～2.8	>2.8
大气污染水平	清洁	大气质量标准	警戒水平	警报水平	紧急水平

2. 均值型大气质量指数

$$I_{北}=\frac{1}{2}\left(\frac{C_{SO_2}}{S_{SO_2}}+\frac{C_{飘尘}}{S_{飘尘}}\right) \tag{2-12}$$

$$I_{南}=\frac{1}{3}\left(\frac{C_{SO_2}}{S_{SO_2}}+\frac{C_{飘尘}}{S_{飘尘}}+\frac{C_{NO_2}}{S_{NO_2}}\right) \tag{2-13}$$

$$I_{广}=\frac{1}{3}\left[\left(\frac{C_{SO_2}}{S_{SO_2}}\right)+\left(\frac{C_{飘尘}}{S_{飘尘}}\right)+\left(\frac{C_{SO_2}}{S_{SO_2}}\right)\times\left(\frac{C_{飘尘}}{S_{飘尘}}\right)\right] \tag{2-14}$$

式中：

C——实测浓度；

S——相应的环境质量标准。

3 个指数的分级均是按超标倍数的大小来进行的，应考虑超标倍数、超标污染物的种类、不同污染物浓度对应的环境影响程度。

3. 沈阳大气质量指数

$$I_{沈}=\left[1.12\times10^{-5}\sum_{i=1}^{4}\frac{C_i}{S_i}\right]^{-0.40} \tag{2-15}$$

式中：

$I_{沈}$——沈阳大气质量指数；

C_i——i 污染物实测浓度，单位为 mg/m^3；

S_i——i 污染物环境质量标准，单位为 mg/m^3；

污染参数：二氧化硫（SO_2）、氮氧化物（NO_x）、飘尘、铅（Pb）。

当污染物浓度等于背景浓度时，$I_{沈}=100$；

当污染物浓度等于明显危害浓度时，$I_{沈}=20$；

当污染物浓度等于标准浓度时，$I_{沈}=60$。

沈阳大气质量指数评价参数如表 2-8 所示。沈阳大气质量指数按照 $I_{沈}$ 分级标准进行分级情况如表 2-9 所示。

表 2-8 沈阳大气质量指数评价参数 单位：mg/m^3

参 数	SO_2	NO_x	飘 尘	Pb
背景浓度	0.02	0.01	0.05	0.0001
标准浓度	0.15	0.13	0.15	0.0007
明显危害浓度	2.0	1.0	1.0	0.01

表 2-9 沈阳大气质量指数分级

质量等级	极重污染	重 污 染	中等污染	轻 污 染	清 洁
$I_{沈}$	＜31	31～40	43～55	55～61	＞61
大气污染水平	紧急水平	警报水平	警戒水平	大气质量标准	清洁

另外，环境质量分级基准如表 2-10 所示。

表 2-10 环境质量分级基准

分 级	特 点
清洁	适宜人类生活和生物生长
未污染	各环境要素污染物浓度均不超标，人类生活、生物生长正常
轻污染	至少有 1 个环境要素污染物浓度超标，除敏感性生物受害外，一般生物生长正常或可能受轻微影响，广大人群健康，一般不发生急性、慢性中毒事件
中污染	一般有 2～3 个环境要素质量指数＞1，个别环境要素质量指数超过 20 以上，生物生长一般受明显影响，敏感性生物受危害严重，人群健康受害明显
重污染	一般有 3～4 个环境要素质量指数＞1，个别环境要素质量指数超过 30 以上，敏感性生物不能生长，人群健康和生物受害严重

4. 分级评价法

降尘、颗粒物、二氧化硫为必评参数；一氧化碳、氮氧化物、总氧化剂为自选参数，可任选其中污染最严重的一个参数参与评价。

大气污染指数采用百分制，评分越高，大气质量越好。

$$M = \sum_{i=1}^{4} A_i \tag{2-16}$$

式中：

A_i——i 参数评分值；

M——大气质量分数；

4——评价时选用的评价参数的个数。

根据表 2-11 进行评分，然后计算 M，再根据表 2-12 确定大气质量等级。

表 2-11 大气污染物浓度分级与评分 单位：mg/m³

参数	第一级（理想级）		第二级（良好级）		第三级（安全级）		第四级（污染级）		第五级（严重污染级）	
	浓度分级	评分	浓度分级	评分	浓度分级	评分	浓度分级	评分	浓度分级	评分
降尘①	≤8	25	≤12	20	≤20	15	≤40	10	>40	5
飘尘②	≤0.10	25	≤0.15	20	≤0.25	15	≤0.50	10	>0.50	5
SO_2	≤0.05	25	≤0.15	20	≤0.25	15	≤0.50	10	>0.50	5
NO_x	≤0.02	25	≤0.05	20	≤0.10	15	≤0.20	10	>0.20	5
CO	≤2	25	≤4	20	≤6	15	≤12	10	>12	5
总氧化剂③	≤0.05	25	≤0.10	20	≤0.20	15	≤0.40	10	>0.40	5

注：① 本评价法专用的浓度分级，单位为 t/(km²·月)；
② 应用于颗粒物时，按颗粒物监测值折半；
③ 最大的一次浓度值。

表 2-12 大气质量等级标准

M	95～100	75～94	55～74	35～54	17～34
大气污染指数等级	第一级（理想级）	第二级（良好级）	第三级（安全级）	第四级（污染级）	第五级（严重污染级）

5. 美国格林大气污染综合指数

格林（1966 年）提出以 SO_2 和烟雾系数（COH）为评价参数，对 SO_2 和烟雾系数建议用希望水平、警戒水平和极限水平三级水平的日平均浓度（见表 2-13）作为假设标准，采用幂函数形式表达 SO_2 和烟雾系数两个污染指数，并规定当 SO_2 或烟雾系数达到希望水平、警戒水平和极限水平时，大气污染综合指数分别为 25、50 和 100。

格林将 SO_2 污染指数和 COH 污染指数加以平均，得出大气污染综合指数。

（1）SO_2 污染指数：

$$I_{SO_2} = a_1 S^{b_1} = 84.0S^{0.431} \tag{2-17}$$

（2）COH 污染指数：

$$I_{COH} = a_2 C^{b_2} = 26.6C^{0.576} \tag{2-18}$$

（3）大气污染综合指数

$$I = \frac{1}{2}(I_{SO_2} + I_{COH}) = 0.5 \times (84.0S^{0.431} + 26.6C^{0.576}) \tag{2-19}$$

式中：

S——SO_2实测日平均浓度（ppm）；

C——实测日平均烟雾系数（COH 单位/1000 英尺；注：烟雾系数提出人使用的单位是英制，因此该处未改为国际单位制）；

a_1、a_2、b_1、b_2——用于确定指数尺度的常数。

COH 与总悬浮颗粒物（TSP）浓度有函数关系，确切地说，$I_{COH} = 0.125mg/m^3 \times C_{TSP}$。

当大气污染综合指数<25 时，说明空气清洁而安全；当大气污染综合指数>50 时，说明空气有潜在危险性；当大气污染综合指数达到 50、60、68 时，应分别发出一级、二级、三级警报，采取减轻污染的有关措施。另外，当大气污染综合指数等于 68 时，相当于煤烟型大气污染事件的水平。

表 2-13　格林建议的 SO_2 评价水平日平均浓度和烟雾系数标准

污　染　物	希望水平	警戒水平	极限水平
SO_2（ppm）	0.06	0.3	1.5
烟雾系数（COH 单位/1000 英尺）	0.9	3.0	10.0
大气污染综合指数	25	50	100

美国格林大气污染综合指数适用于我国北方的冬季，或者以燃煤为主要能源的场景。我国反映烟尘污染水平的参数一般取飘尘，当飘尘浓度以 mg/m^3 为单位时，烟雾系数约为飘尘浓度的 10 倍，换算后代入式（2-19），即可计算得到美国格林大气污染综合指数。

6. 美国橡树岭大气质量指数

美国橡树岭大气质量指数（ORAQI）是由美国橡树岭国家实验室于 1971 年提出的，其兼顾逐日变化和长期变化。

ORAQI 的计算公式为

$$\mathrm{ORAQI} = \left[5.7 \times \sum_{i=1}^{5} \frac{C_i}{S_i}\right]^{1.37} \tag{2-20}$$

式中：

C_i——i 污染物 24 小时平均浓度；

S_i——i污染物的大气质量标准。

ORAQI 规定了 5 种污染物，即二氧化硫、氮氧化物、一氧化碳、氧化剂、颗粒物。ORAQI 的尺度是这样确定的：当各种污染物的浓度相当于未受污染的本底浓度时，ORAQI=10；当各种污染物的浓度均达到相应的大气质量标准时，即当 $C_i = S_i$ 时，ORAQI=100。美国橡树岭国家实验室按 ORAQI 的大小，将大气质量分为 6 级（见表 2-14）。

表 2-14 ORAQI 与大气质量分级

分级	优良	好	尚可	差	坏	危险
ORAQI	<20	20～39	40～59	60～79	80～100	≥100

ORAQI 所选参数比较多，可以综合反映大气质量，在实际应用时如果少于 5 个参数，可以参照确定 ORAQI 的方法加以修正。

7. 美国污染物标准指数

美国污染物标准指数（PSI）选择了二氧化硫浓度、颗粒物浓度、一氧化碳浓度、臭氧浓度、二氧化氮浓度及二氧化硫浓度与颗粒物浓度的乘积 6 个参数（见表 2-15），其用于衡量大气质量的逐日变化。PSI 与 6 个参数的关系是分段线性函数。已知各污染物浓度后，可以用内插法计算各污染物的分指数，然后选择各污染物的分指数中最大者作为 PSI。

PSI 是在全面比较 6 个参数之后，选择污染最严重的分指数报告大气质量的，其突出了单一参数的作用，具有使用方便、结果简明的优点。PSI 污染物浓度分级与人体健康状况对照明确，分级的原则和依据可供其他大气质量指数分级参考（见表 2-15）。

8. 美国密特大气质量指数

美国密特大气质量指数（MAQI）是美国密特公司在美国环境质量委员会委托下研究提出的，其涉及 5 个参数，以美国大气质量二级标准对 5 种污染物规定的不同平均时间的 9 项浓度标准为计算依据。

表 2-15　PSI 污染物浓度分级

PSI	大气污染水平	污染物浓度						大气质量分级	对健康的一般影响	要求采取措施
		颗粒物（24 小时；μg/m³）	二氧化硫（24 小时；μg/m³）	一氧化碳（8 小时；mg/m³）	臭氧（1 小时；μg/m³）	二氧化氮（1 小时；μg/m³）	二氧化硫浓度×颗粒物浓度（μg/m³）			
500	显著危害水平	1000	2620	57.2	1200	3750	490000	极危险级	病人和老年人提前死亡，健康人群出现不良症状，影响正常活动	全体人群应待在室内并关闭门窗；所有人尽量减少体力消耗，一般人群避免户外活动
400	紧急水平	875	2100	46.1	1000	3000	393000	危险级	除了出现明显强烈症状、降低运动耐受力，健康人群会提前出现某些疾病	老年人及心脏病、肺病患者应待在室内，并减少体力活动
300	警报水平	625	1600	34.0	800	2260	261000	很不健康	心脏病和肺病患者症状显著加剧、运动耐受力降低，健康人群普遍出现症状	心脏病和呼吸系统疾病患者应减少体力消耗和户外活动
200	警戒水平	375	800	17.0	400	1130	6500	不健康	易感人群症状轻度加剧，健康人群出现刺激症状	心脏病和呼吸系统疾病患者应减少体力消耗和户外活动
100	大气质量标准	260	365	10.0	240	①	①	中等		
50	大气质量标准（50%）	75②	80②	5.0	120			良好		

注：① 当污染物浓度低于警戒水平时，不报此分指数；

② 美国 EPA 制定的大气质量一级标准中的年平均浓度。

MAQI 是 5 种污染物分指数的综合计算结果，即

$$\mathrm{MAQI}=\sqrt{I_{\mathrm{C}}^2+I_{\mathrm{S}}^2+I_{\mathrm{P}}^2+I_{\mathrm{N}}^2+I_{\mathrm{O}}^2} \tag{2-21}$$

式中，I 是各污染物的分指数；下角标字母含义为： C—一氧化碳，S—二氧化硫，P—颗粒物，N—二氧化氮，O—氧化剂。

各污染物分指数的计算公式为

$$I_{\mathrm{C}}=\sqrt{\left(\frac{c_{\mathrm{C8}}}{s_{\mathrm{C8}}}\right)^2+\delta_1\left(\frac{c_{\mathrm{C1}}}{s_{\mathrm{C1}}}\right)^2} \tag{2-22}$$

$$I_{\mathrm{S}}=\sqrt{\left(\frac{c_{\mathrm{Sa}}}{s_{\mathrm{Sa}}}\right)^2+\delta_2\left(\frac{c_{\mathrm{S24}}}{s_{\mathrm{S24}}}\right)^2+\delta_3\left(\frac{c_{\mathrm{S3}}}{s_{\mathrm{S3}}}\right)^2} \tag{2-23}$$

$$I_{\mathrm{P}}=\sqrt{\left(\frac{c_{\mathrm{Pa}}}{s_{\mathrm{Pa}}}\right)^2+\delta_4\left(\frac{c_{\mathrm{P24}}}{s_{\mathrm{P24}}}\right)^2} \tag{2-24}$$

$$I_{\mathrm{N}}=\sqrt{\left(\frac{c_{\mathrm{Na}}}{s_{\mathrm{Na}}}\right)^2}=\frac{c_{\mathrm{Na}}}{s_{\mathrm{Na}}} \tag{2-25}$$

$$I_{\mathrm{O}}=\sqrt{\left(\frac{c_{\mathrm{O1}}}{s_{\mathrm{O1}}}\right)^2}=\frac{c_{\mathrm{O1}}}{s_{\mathrm{O1}}} \tag{2-26}$$

式中，分子 c 代表某种污染物的实测浓度，分母 s 代表某种污染物的相应标准（c 和 s 的单位相同）；下角标字母 C、S、P、N、O 代表的意义同式（2-21）；下角标字母 a 代表年平均，下角标数字 24、8、3、1 分别代表污染物实测浓度和相应标准的平均时间（小时）；δ_1、δ_2、δ_3、δ_4 为系数（当 $c_i>s_i$ 时，$\delta_i=1$；当 $c_i<s_i$ 时，$\delta_i=0$）；c_{Sa} 和 c_{Na} 分别代表 SO_2 和 NO_2 的实测年平均浓度，c_{Pa} 代表颗粒物的实测几何年平均浓度，其他实测浓度 c_i 均指某段平均时间内污染物的实测最大浓度。

美国密特大气质量指数用于评价大气质量的长期变化，其要求掌握全年完整的大气污染物监测数据。

9. 加拿大大气质量指数

加拿大大气质量指数由 3 种指数组成，即特定污染物指数、城际大气质量指数和工业排放量指数。

1）特定污染物指数

特定污染物指数包括SO_2、NO_2、CO、氧化剂、颗粒物浓度、烟雾系数（COH）6种分指数。

以颗粒物浓度分指数为例，其计算公式为

$$I_{PM}=\frac{(C_1\times C_2\times\cdots\times C_n)/n}{70} \tag{2-27}$$

式中：

n——每个监测站一个月内监测颗粒物浓度数据的个数；

C_i——各次监测的颗粒物浓度（单位：μg/m^3）；

70μg/m^3——加拿大大气质量标准规定的颗粒物的几何年平均浓度。

计算颗粒物浓度年平均分指数（各月颗粒物浓度分指数的算术平均），当一个城市设有几个监测站时，将各监测站的颗粒物浓度年平均分指数加以平均，就可以得全市颗粒物浓度年平均分指数；最后，把全国各城市的颗粒物浓度年平均分指数按城市人口数加权，就得到全国颗粒物浓度年平均分指数。

其余5种污染物浓度分指数的计算公式为

$$I_i=\frac{1}{2}\times\frac{1}{S_a}\left[C_a+\sqrt{\frac{\sum_{i=1}^{n}(C_{di})^2}{n}}\right] \tag{2-28}$$

式中：

S_a——某种污染物的加拿大年平均标准浓度；

C_a——某种污染物的实测年平均浓度；

C_{di}——某种污染物的实测每日浓度；

n——计算天数。

另外，对于SO_2，其S_a为0.02ppm；对于氧化剂，其S_a为0.015ppm；对于烟雾系数（COH），其S_a为0.45单位。

在计算I_{CO}时，用CO的8小时标准浓度13ppm代入S_a，用CO的1小时实测浓度代入C_{di}。

在计算I_{O_3}时，用O_3的1小时实测浓度代入C_{di}。

在计算I_{NO_x}时，用NO_x的日平均标准浓度0.1ppm代入S_a。

按照与颗粒物浓度分指数相同的计算方法，可以计算全市、全国污染物浓度年平均

分指数，进而可以用式（2-29）计算全国某年的特定污染物指数（I_{SP}），即

$$I_{SP}=\sqrt{\left[\frac{1}{5}(0.5I_{PM}^2+0.5I_{COH}^2+0.5I_{SO_2}^2+0.5I_{CO}^2+0.5I_{O_3}^2+0.5I_{NO_x}^2)\right]} \tag{2-29}$$

2）城际大气质量指数

城际大气质量指数又被称为区域性大气质量指数（I_{reg}），它是为评价市区周边的大气质量而设计的。在计算时，以各地机场（通常位于市中心之外若干距离）的能见度为参数，即

$$I_{reg}=\frac{V_n}{2V_a} \tag{2-30}$$

式中：

V_a——某地机场的平均能见度（剔除有降水时的数据）；

V_n——股哈勃选作基准的加拿大北方两个航站的平均能见度，这两个航站远离加拿大主要城市，很少受大气污染影响。

3）工业排放量指数

工业排放量指数用于评价远离市中心的地区，特别是大工厂附近地区的大气质量。所谓工业排放量（考虑 SO_2 和颗粒物），是指加拿大全国的排放量减去各城市的排放量。工业排放量指数（I_{ie}）的计算公式为

$$I_{ie}=\frac{F_{ie}}{P_c}\bigg/\frac{E_i}{P_{can}} \tag{2-31}$$

式中：

F_{ie}——加拿大某个郡内 SO_2 或颗粒物的工业排放量；

P_c——加拿大某个郡的人口数；

E_i——加拿大全国的 SO_2 或颗粒物的工业排放量；

P_{can}——加拿大全国的人口数。

各郡计算的 I_{ie} 按各郡人口加权，从而计算得到加拿大全国平均 SO_2 或颗粒物的工业排放量指数，再按式（2-32）综合成一个全国工业排放量指数，即

$$I_{ie}=\sqrt{\frac{(I_{ieSO_2})^2+(I_{iePM})^2}{2}} \tag{2-32}$$

4）大气质量综合指数

股哈勃建议对 3 个指数 I_{SP}、I_{reg}、I_{ie} 分别加权 5、3、2，最后得到一个综合指数，

即加拿大大气质量指数I_a，有

$$I_a=\sqrt{\frac{5(I_{SP})^2+3(I_{reg})^2+2(I_{ie})^2}{10}} \tag{2-33}$$

10. 空气污染指数

空气污染指数（Air Pollution Index，API），是指将常规监测的几种空气污染物浓度简化为单一的概念性指数形式，并用于分级表征空气污染程度和空气质量。空气污染指数适用于表征城市的短期空气质量状况和变化趋势。

空气污染指数的分级标准是：

（1）空气污染指数 API50 对应的污染物浓度为国家空气质量日均值一级标准；

（2）空气污染指数 API100 对应的污染物浓度为国家空气质量日均值二级标准；

（3）空气污染指数更高值段分级对应各种污染物对人体健康产生不同影响时的浓度限制。

在对空气污染指数分级时，首先需要按照各种污染因子计算空气污染指数，参照上文所述空气污染指数分级标准的一些原则，每种污染因子空气污染指数有各自的分级标准。

空气污染指数的计算与报告：内插法计算分指数I_i，如式（2-34）所示；分指数中最大者代表该区域或城市的空气污染指数，如式（2-35）所示。

$$I_i=\frac{(C_i+C_{i,n})}{(C_{i,n+1}-C_{i,n})}\times(I_{i,n+1}-I_{i,n})+I_{i,n} \tag{2-34}$$

$$\text{API}=\max(I_1,I_2,\cdots,I_n) \tag{2-35}$$

空气污染指数范围及相应的污染物浓度如表 2-16 所示。空气污染指数范围及相应的空气质量等级如表 2-17 所示。

表 2-16 空气污染指数范围及相应的污染物浓度

空气污染指数	污染物浓度（mg/Nm^3）		
I_n	TSP	SO_2	NO_x
500	1.000	2.620	0.940
400	0.875	2.100	0.750
300	0.625	1.600	0.565
200	0.500	0.250	0.150
100	0.300	0.150	0.100
50	0.120	0.050	0.050

表 2-17 空气污染指数范围及相应的空气质量等级

<table>
<tr><th>空气污染指数（API）</th><th colspan="2">空气质量等级</th><th>空气质量状况</th><th>对健康的影响</th><th>对应空气质量的适用范围</th></tr>
<tr><td>0～50</td><td colspan="2">Ⅰ</td><td>优</td><td>可正常活动</td><td>自然保护区、风景名胜区和其他需要特殊保护的地区</td></tr>
<tr><td>50～100</td><td colspan="2">Ⅱ</td><td>良</td><td>可正常活动</td><td>城镇规划中确定的居住区、商业交通居民混合区、文化区、一般工业区和农村地区</td></tr>
<tr><td>100～150</td><td rowspan="2">Ⅲ</td><td>Ⅲ$_1$</td><td>轻微污染</td><td>若长期接触，易感人群出现症状</td><td rowspan="2">特定工业区</td></tr>
<tr><td>150～200</td><td>Ⅲ$_2$</td><td>轻度污染</td><td>若长期接触，健康人群出现刺激症状</td></tr>
<tr><td rowspan="2">200～300</td><td rowspan="2">Ⅳ</td><td>Ⅳ$_1$</td><td>中度污染</td><td>一定时间接触后，健康人群普遍出现症状</td><td></td></tr>
<tr><td>Ⅳ$_2$</td><td>中度重污染</td><td>一定时间接触后，心脏病、肺病患者症状显著加剧、运动耐受力降低</td><td></td></tr>
<tr><td>>300</td><td colspan="2">Ⅴ</td><td>重度污染</td><td>健康人群除出现较强烈症状、运动耐受力降低外，长期接触还会提前出现某些疾病</td><td></td></tr>
</table>

空气质量等级划分具体如下：

当 0≤API≤50 时，不报告首要污染物，空气质量优，污染物浓度小于等于环境空气质量标准中的一级标准限值，空气质量一级；

当 50<API≤100 时，空气质量良，污染物浓度小于等于环境空气质量标准中的二级标准限值，空气质量二级；

当 100<API≤200 时，污染物浓度小于等于环境空气质量标准中的三级标准限值，特定工业区的空气质量不达标，轻度污染；

当 200<API≤300 时，污染物浓度超过环境空气质量标准中的三级标准限值，中度污染；

当 300<API≤400 时，重度污染；

当 400<API<500 时，严重污染；

当 API=500 时，会对人体产生严重危害。

四、数据处理

1. 根据选择的大气环境质量指数，评价某区域的大气环境质量。

2. 撰写大气环境质量报告。

任务 1	查阅资料，分析每种大气环境质量指数所选择评价因子的积极性和局限性。
任务 2	查阅资料，了解不同大气环境质量指数的应用。
任务 3	查阅资料，熟悉撰写大气环境质量报告的程序和格式。
问题 1	空气质量预报的基本步骤是什么？
问题 2	空气质量预报的监测指标有哪些？
问题 3	撰写大气环境质量报告时应注意什么？

实训四 土壤环境质量评价

一、目的

1. 了解土壤环境质量评价的含义
2. 了解土壤环境质量模型的内容
3. 学会选择土壤环境质量模型进行评价

二、原理

土壤环境质量评价，简称土壤环境评价，是指根据不同的目的和要求，按一定的原则和方法，对一定区域内的土壤环境质量进行单项或综合的客观评价和分级。土壤环境质量评价包括土壤环境质量现状评价和土壤环境质量预测评价。土壤环境质量现状评价是指对土壤环境的现状做出定量评定或半定量评价，包括化学物质的累积性评价和污染评价。

三、主要内容

土壤环境质量评价一般以土壤单项污染指数为主。土壤污染指数越小，则污染越轻；土壤污染指数越大，则污染越重。

1. 土壤污染指数和超标率

计算公式如下：

土壤单项污染指数 = 土壤污染物实测值/土壤污染物质量标准

土壤污染累积指数 = 土壤污染物实测值/土壤污染物背景值

土壤污染物分担率（%）=（土壤某单项污染指数/土壤各项污染指数之和）× 100%

土壤污染超标倍数 =（土壤某项污染物实测值 − 土壤某项污染物质量标准）/土壤某项污染物质量标准

土壤污染样本超标率（%）=（土壤超标样本总数/土壤监测样本总数）× 100%

2. 内梅罗污染指数

$$P_{\mathrm{N}}=(\mathrm{PI}_{\mathrm{average}}^2+\mathrm{PI}_{\max}^2)^{1/2} \tag{2-36}$$

式中：

$\mathrm{PI}_{\mathrm{average}}$ ——平均单项污染指数；

$\mathrm{PI}_{\max}$ ——最大单项污染指数。

内梅罗污染指数反映了各项污染物对土壤的作用，同时突出了高浓度污染物对土壤环境质量的影响，因此可以按内梅罗污染指数划定土壤污染等级。内梅罗污染指数土壤污染评价标准如表 2-18 所示。

表 2-18　内梅罗污染指数土壤污染评价标准

等　级	内梅罗污染指数	污染等级
Ⅰ	$P_{\mathrm{N}} \leqslant 0.7$	清洁（安全）
Ⅱ	$0.7<P_{\mathrm{N}} \leqslant 1.0$	尚清洁（警戒限）
Ⅲ	$1.0<P_{\mathrm{N}} \leqslant 2.0$	轻度污染
Ⅳ	$2.0<P_{\mathrm{N}} \leqslant 3.0$	中度污染
Ⅳ	$P_{N}>3.0$	重污染

3. 土壤元素背景值

土壤元素背景值用区域土壤环境背景值（x）95%置信度的范围（$x \pm 2s$）来评价：

若土壤中某元素监测值 $x_i < x-2s$，则土壤中该元素缺乏，或者该土壤属于低背景土壤；

若土壤中某元素监测值 $x-2s < x_i < x+2s$，则土壤中该元素含量正常；

若土壤中某元素监测值 $x_i > x+2s$，则土壤已受该元素污染，或者该土壤属于高背景土壤。

4. 土壤综合污染指数法

土壤综合污染指数（CPI）包含土壤元素背景值、土壤元素标准尺度因素和价态效应综合影响，主要用来评价土壤中的重金属污染。

1）计算土壤相对影响当量（RIE）

$$\mathrm{RIE}=\left[\sum_{i=1}^{N}(C_i/C_{\mathrm{s}i})^{\frac{1}{n}}\right]\Big/N \tag{2-37}$$

式中：

C_i——测定元素 i 的浓度；

C_{si}——测定元素 i 的土壤标准浓度；

N——测定元素的个数；

n——测定元素 i 的氧化数。

RIE 越大，表明外源物质的影响越明显。对于变价元素，应考虑价态和毒性的关系，在不同价态元素共存并同时用于评价时，在计算中应注意高低毒性价态的相互转换，以体现因价态构成不同所导致的风险差异性。

2）计算土壤元素测定浓度偏离土壤元素背景值的程度（DDDB）

$$\text{DDDB} = \left[\sum_{i=1}^{N}(C_i / C_{Bi})^{\frac{1}{n}}\right] \Big/ N \tag{2-38}$$

式中：

C_i——测定元素 i 的浓度；

C_{Bi}——测定元素 i 的背景值；

N——测定元素的个数；

n——测定元素 i 的氧化数。

DDDB 越大，表明外源物质的影响越明显。

3）计算土壤标准浓度偏离土壤元素背景值的程度（DDSB）

$$\text{DDSB} = \left[\sum_{i=1}^{N}(C_{si} / C_{Bi})^{\frac{1}{n}}\right] \Big/ N \tag{2-39}$$

式（2-39）中各符号的意义同式（2-37）和式（2-38）。

DDSB 越大，表明土壤标准浓度偏离土壤元素背景值的程度越大，特定土壤的负载容量越大，对外源物质的缓冲性能越强。

4）土壤综合污染指数（CPI）

当区域内土壤环境质量作为一个整体与外区域进行比较，或者与历史资料进行比较时，除用土壤单项污染指数外，通常用土壤综合污染指数（CPI）。土壤综合污染指数包含土壤元素背景值、土壤标准浓度因素和价态效应综合影响，其表达式为

$$\text{CPI} = X \times (1 + \text{RIE}) + X \times \text{DDMB}/(Z \times \text{DDSB}) \tag{2-40}$$

式中：

CPI——土壤综合污染指数；

X——测量浓度超过土壤标准浓度的数目；

Y——测量浓度超过土壤元素背景值的数目；

RIE——土壤相对影响当量；

DDMB——元素测定浓度偏离土壤元素背景值的程度；

DDSB——土壤标准浓度偏离土壤元素背景值的程度；

Z——用作标准元素的数目。

通过土壤综合污染指数（CPI）评价土壤环境质量的指标体系如表 2-19 所示。

表 2-19　土壤综合污染指数（CPI）评价土壤环境质量的指标体系

X	Y	CPI	评　价
0	0	CPI = 0	背景状态
0	≥1	0<CPI<1	未污染状态，数值大小表示偏离土壤元素背景值的相对程度
≥1	≥1	CPI≥1	污染状态，数值越大表明污染程度相对越严重

四、数据处理

1．根据选择的土壤环境质量指数，评价某区域的土壤环境质量情况。

2．撰写土壤环境质量报告。

任务 1	查阅资料，分析每种土壤环境质量指数所选择评价因子的积极性和局限性。
任务 2	查阅资料，了解不同土壤环境质量指数的应用。
任务 3	查阅资料，熟悉撰写土壤环境质量报告的程序和格式。
问题 1	土壤环境质量预报的基本步骤有哪些？
问题 2	进行土壤环境质量预报的监测指标有哪些？
问题 3	撰写土壤环境质量报告时应注意什么？

实训五　建设项目环境影响识别

一、目的

1. 了解环境影响识别的含义
2. 明确环境影响识别的重要性
3. 熟悉环境影响识别方法，掌握核查表法的应用

二、原理

环境影响指人类活动（经济活动、政治活动和社会活动）导致的环境变化，以及由此引起的对人类社会的效应。环境影响识别通过系统地检查拟建设项目的各项“活动”与各环境要素之间的关系，识别其可能的环境影响，包括环境影响因子、环境影响对象（环境因子）、环境影响程度、环境影响方式。

三、内容

环境影响识别方法主要有核查表法、矩阵法、叠图法等。

核查表法是将可能受建设项目开发方案影响的环境因子和可能产生的影响性质核查在一张表上一一列出的识别方法，也被称为“列表清单法”或“一览表法”。核查表法虽然是较早发展起来的方法，但现在还在普遍应用，其有多种形式。

（1）简单型清单：仅有 1 个可能受影响的环境因子表，不进行其他说明，可进行定性的环境影响识别分析，但不能作为决策依据，示例如表 2-20 所示。

（2）描述型清单：比简单型清单多了环境因子如何度量的准则。

（3）分级型清单：在描述型清单的基础上又增加了对环境影响程度的分级。

表 2-20　一般工业建设项目的初步核查用表

影 响 面	建 设 期			运 转 期		
	有害影响	无 影 响	有利影响	有害影响	无 影 响	有利影响
1. 土地改造和建设						
（1）压实和平整；						
（2）侵蚀；						
（3）地面植被和覆盖物；						
（4）沉积；						
（5）稳定性（滑动）；						
（6）地应力变化（地震）；						
（7）洪水；						
（8）控制沙漠化和荒漠化；						
（9）钻探和爆破；						
（10）操作上的失误。						
2. 土地利用方式						
（1）空置土地；						
（2）娱乐用地；						
（3）农业用地；						
（4）住宅用地；						
（5）商业用地；						
（6）工业用地。						
3. 水资源						
（1）水质；						
（2）灌溉；						
（3）排水。						
4. 空气质量						
（1）碳、硫、氮氧化物；						
（2）颗粒物；						
（3）化学物质；						
（4）臭味；						
（5）能见度。						
5. 服务设施						
（1）学校；						
（2）治安状况；						
（3）消防设施；						
（4）水电系统；						
（5）防水系统；						
（6）垃圾处理。						

续表

影 响 面	建 设 期			运 转 期		
	有害影响	无 影 响	有利影响	有害影响	无 影 响	有利影响
6. 生物条件 （1）野生生物； （2）树林、灌木林； （3）草地、湿地。 7. 运输系统 （1）小汽车； （2）卡车； （3）安全； （4）运行。 8. 噪声和振动 （1）所在地； （2）所在地以外。 9. 美学 （1）景观； （2）建筑结构。 10. 社会结构 （1）居民动迁； （2）人口流动性； （3）服务； （4）娱乐场所； （5）就业； （6）住房质量。 11. 其他						

四、数据处理

1. 根据选择的环境影响识别方法，对建设项目的主要环境因子进行识别。
2. 撰写建设项目环境影响识别报告。

任务 1	查阅资料，分析核查表法、矩阵法、叠图法的积极性和局限性。
任务 2	查阅资料，了解核查表法、矩阵法、叠图法的应用。
任务 3	查阅资料，熟悉撰写环境影响识别报告的程序和格式。
问题 1	通过核查表法进行环境影响识别的基本步骤是什么？
问题 2	进行环境影响识别、撰写环境影响识别报告时需要注意什么？

实训六　污染源调查

一、目的

1. 了解污染源调查的含义、分类
2. 了解污染源调查的内容
3. 掌握污染源调查的方法

二、原理

在环境影响评价中，要防治污染，必须首先了解污染源的状况。因为污染源排放的污染物的种类、数量、方式、途径，以及污染源的类型和位置，直接关系其影响对象、影响范围和影响程度。污染源调查就是要了解、掌握上述情况及其他有关问题。在调查的基础上，通过数据计算、分析，对污染源进行评价，确定建设项目和所在区域内现在的主要污染源的主要污染物。污染源调查不仅为污染综合防治提供了依据，也是环境影响评价的基础性工作。

三、内容

（一）污染源分类

（1）工业污染源（主要）；
（2）农业污染源；
（3）交通运输污染源；
（4）生活污染源。

（二）污染源调查

1. 污染源调查工作程序

污染源调查工作程序分为准备阶段、调查阶段、总结阶段，如图 2-1 所示。

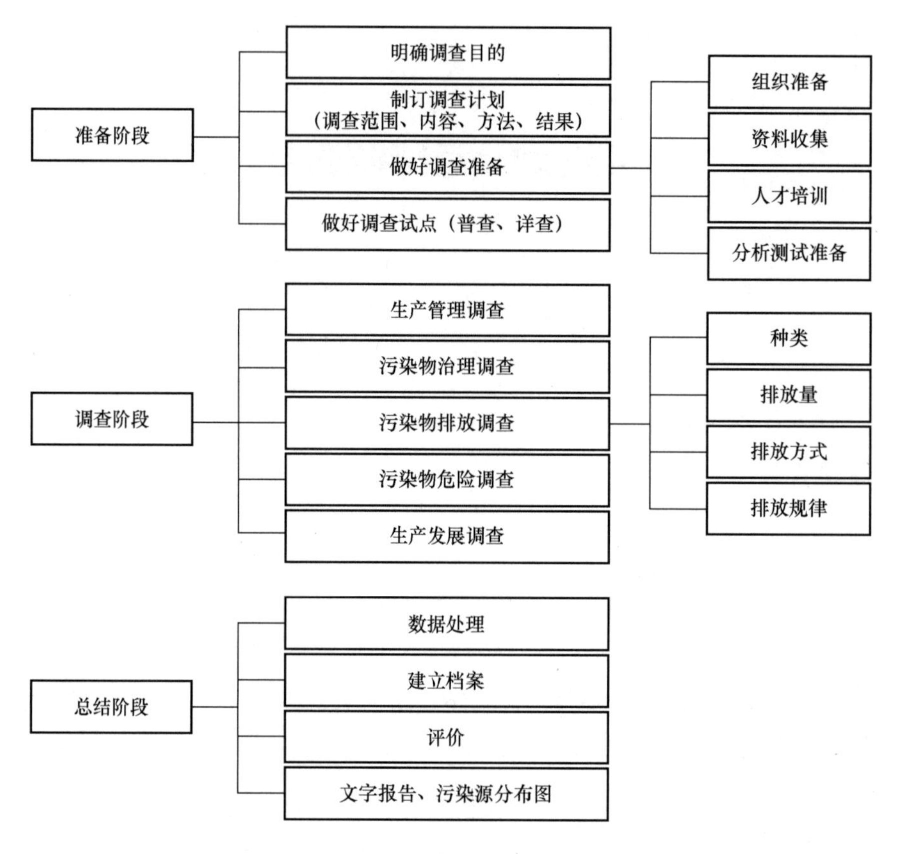

图 2-1　污染源调查工作程序

2. 污染源调查分类

（1）普查：首先从有关部门查清区域内或流域内的工矿、交通运输等企事业单位名单，采用发放调查问卷的方法对名单中企事业单位的规模、性质和排放污染物情况进行概略调查。对于农业污染源，可以到主管部门收集农业、渔业和饲养业的基础资料，以及人口统计资料、供排水情况和生活垃圾排放等方面的资料，通过分析和推算得出本区域内或流域内污染物排放的基本情况。

（2）详查：详查污染物排放种类多（特别是含危险污染物）、排放量大、影响范围广、危害程度大的重点污染源。一般来说，重点污染源的主要污染物排放量占调查区域内或流域内污染物总排放量的 60%以上。在详查工作中，调查人员要深入现场进行调查和开展监测，并通过计算取得翔实的、完整的数据。对详查资料和普查资料进行综合后，调查人员可以总结得出区域内或流域内污染源调查的情况。

3. 污染源详查的主要内容

污染源详查的主要内容包括：

（1）污染源的排放方式、排放规律；

（2）污染物的物理、化学、生物特性，以及需要进行评价的主要污染物；

（3）对主要污染物进行追踪分析；

（4）污染物流失原因分析。

4. 污染物排放量、排放强度的推算

1） 物料衡算法

物料衡算法的计算步骤包括：

（1）确定物料衡算系统；

（2）收集物料衡算系统所需基础资料，根据要求绘制工艺流程图、确定相应的化学反应式，并在工艺流程图上标明物料的流失方向、位置等；

（3）确定计算基准物，例如，所有的含氮物质都以硝酸盐来计算；

（4）进行物料平衡计算；

（5）对物料平衡计算结果进行分析。

依据物质守恒定律，一种产品的生产过程中投入一种物料 i 的总量 M_i，等于经过工艺过程进入产品中的量 P_i、回收的量 R_i、转化为副产品的量 B_i，以及进入废水、废气、废渣中成为污染物的量 W_i 之和，即

$$M_i = P_i + R_i + B_i + W_i \tag{2-41}$$

通过对工艺过程进行物料衡算，或者依据生产过程示例可以确定每一项的量。如果该种产品的产量为 G_i，则可求出单位产品的投料量为

$$m_i = M_i / G_i \tag{2-42}$$

单位产品的排放污量为

$$w_i = W_i / G_i \tag{2-43}$$

单位产品的总排污量是由进入废水（w_{wi}）、废气（w_{ai}）和废渣（w_{si}）的该物料组成的，即

$$w_i = w_{wi} + w_{ai} + w_{si} \tag{2-44}$$

如果废水、废气和废渣经过一定的处理后排放，并且该处理过程对应的去除率分别为η_{w}、η_{a}和η_{s}，则生产单位产品排入环境的该污染物量为

$$d_i = \sum_{j=1}^{s} w_{ij}(1-\eta_i) = w_{\mathrm{w}i}(1-\eta_{\mathrm{w}}) + w_{\mathrm{a}i}(1-\eta_{\mathrm{a}}) + w_{\mathrm{s}i}(1-\eta_{\mathrm{s}}) \tag{2-45}$$

许多产品的生产工艺过程中规定了原料—成品转化率、原料—副产品转化率，以及单位产品排污量的定额，可以依据这些定额推算污染物的排放量。

2）排放系数法

排放系数有 3 类，即单位产品的排放系数、单位产值（通常为万元）的排放系数、单位原材料消耗的排放系数。

已知某种类型产品的产量、产值或原材料消耗量，将其乘以相应的排放系数即可求得污染物排放量，即

$$D_i = M_{\mathrm{p}i} G_i \tag{2-46}$$

$$D_i = M_{\mathrm{m}i} Y_i \tag{2-47}$$

$$D_i = M_{\mathrm{R}i} R_i \tag{2-48}$$

式中：

D_i——i 污染物的排放量，单位为 kg/年；

$M_{\mathrm{p}i}$——i 污染物单位产品的排放系数，单位为 kg/t（产品）或 kg/个；

$M_{\mathrm{m}i}$——i 污染物万元产值的排放系数，单位为 kg/万元；

$M_{\mathrm{R}i}$——i 污染物单位原材料消耗的排放系数，单位为 kg/t；

G_i——产品年产量，单位为 t/年或个/年；

Y_i——产品年总产值，单位为万元/年；

R_i——原材料年消耗量，单位为 t/年。

产品产值通常只能用于估算中远期规划的污染物排放量；单位原材料消耗量通常适用于煤、油等燃料，以及矿物冶炼等行业的污染物排放量估算。

四、数据处理

1．根据选择的污染源调查方法，进行项目的污染源调查。

2．撰写污染源调查报告。

任务 1	查阅资料，写出污染源的种类。
任务 2	查阅资料，写出污染源调查的内容。
任务 3	查阅资料，写出物料衡算法、排放系数法的原理。
问题 1	物料衡算法的基本步骤是什么？
问题 2	在进行污染源调查时，污染源调查报告包括哪些内容？
问题 3	污染源调查人员在撰写污染源调查报告时应该注意什么？
问题 4	某电镀车间年用铬酐 4t，生产 A 镀件 1 亿个。其中，约 25%的铬沉积在镀件上；约 25%的铬以铬酸雾的形式在镀槽上被抽风机抽走，经过铬酸雾净化回收器（回收率为 95%）处理后排放；约 40%的铬随废水流失；约 10%的铬留在废镀液中装桶送至危险品处置场。设铬酸雾净化回收器回收的铬仍会用于生产；采用化学法处理含铬废水和废液，六价铬的去除率达 99%。试分析每年从废水、废气排入环境的六价铬的污染物量，以及单位产品的污染物排放量。

实训七　污染源评价

一、目的

1. 熟悉污染源评价的基本含义
2. 熟悉污染源评价的基本方法
3. 掌握等标污染负荷法，并进行污染源评价

二、原理

1. 污染源评价的主要目的

通过分析比较，确定主要污染源和主要污染物。要对污染源和污染物进行综合评价，必须考虑污染物排放量和污染物危害性两个方面的因素。为了便于分析比较，需要把这两个因素综合在一起，形成一个可以将各种污染源或污染物进行比较的（量纲统一的）物理量，使各种不同的污染源和污染物能相互比较，以确定不同污染源或污染物对环境影响大小的排序。污染源评价是污染源调查的继续和深入，是环境影响评价综合工作中的一个主要组成部分。

2. 污染源评价的原则和标准

原则上要求对各污染源排放的大多数种类的污染物进行评价。为了统一评价标准，对工业污染源排放的废水、废气中有害物质的评价标准进行统一规定。近年来，污染源调查和污染源评价的标准采用对应的环境质量标准或污染物排放标准。

三、基本内容

1. 等标污染负荷法

等标污染负荷法（也被称为等标排放量法），分别对水、气污染物进行评价。等标污染负荷的物理意义是，将排放介质稀释（浓缩）到符合排放标准时的体积，其计算公式为

$$P_{ij} = \frac{C_{ij}}{C_{0i}} Q_{ij} \times 10^{-9} \quad （液体为10^{-6}） \tag{2-49}$$

式中：

P_{ij}——第 j 个污染源中第 i 种污染物的等标污染负荷，单位为 t/天；

C_{ij}——第 j 个污染源中第 i 种污染物的排放浓度，对液体来说单位为 mg/L，对气体来说单位为 mg/Nm^3；

C_{0i}——第 i 种污染物的评价标准，对液体来说单位为 mg/L，对气体来说单位为 Nm^3/天；

Q_{ij}——第 j 个污染源中第 i 种污染物的排放流量，对液体来说单位为 m^3/天，对气体来说单位为 Nm^3/天。

根据污染源评价工作需求，可以选择环境质量标准或污染物排放标准。

（1）某污染源（工厂）排放的几种污染物的等标污染负荷之和，即该污染源（工厂）的等标污染负荷 P_n：

$$P_n = \sum_{i=1}^{n} P_i = \sum_{i=1}^{n} \frac{C_i}{C_{0i}} Q_i \times 10^{-6} \tag{2-50}$$

（2）在某区域（或流域）中，m 个污染源等标污染负荷之和，即该区域（或流域）的等标污染负荷 P_m：

$$P_m = \sum_{j=1}^{m} P_n = \sum_{j=1}^{m} \sum_{i=1}^{n} \frac{C_i}{C_{0i}} Q_i \times 10^{-6} \tag{2-51}$$

（3）区域（或流域）内某种污染物的总等标污染负荷（$P_{\text{sum}i}$）为该区域（或流域）内所有污染源第 i 种污染物的等标污染负荷之和：

$$P_{\text{sum}i} = \sum_{j=1}^{m} P_i \quad (j = 1, 2, 3, \cdots, m) \tag{2-52}$$

（4）计算得到各种污染物、污染源的等标污染负荷及等标污染负荷比，就可以进行污染物、污染源的评价了。

某种污染物的等标污染负荷 P_i 占该厂等标污染负荷 P_n 的百分比，称为该种污染物的等标污染负荷比 K_i，计算公式为

$$K_i = \frac{P_i}{P_n} \times 100\%, \quad K_{\mathrm{sum}i} = \frac{P_{\mathrm{sum}i}}{P_m} \times 100\% \tag{2-53}$$

某个污染源在区域（或流域）内的等标污染负荷比，即某区域（或流域）内各工厂等标污染负荷比，即

$$K_n = \frac{P_n}{P_m} \times 100\% \tag{2-54}$$

（5）主要污染物的确定：按调查区域（或流域）内污染物的总等标污染负荷（$P_{\mathrm{sum}i}$）的大小排列，分别计算百分比及累计百分比，将累计百分比大于80%的污染物列为该区域（或流域）的主要污染物。

（6）主要污染源的确定：按照调查区域（或流域）内污染源的等标污染负荷 P_n 的大小排列，分别计算百分比及累计百分比，将累计百分比大于80%的污染源列为该区域（或流域）的主要污染源。

2. 注意事项

采用等标污染负荷法容易导致一些毒性大但在环境中易于积累的污染物排放不到主要污染物中，然而对这些污染物进行排放控制又是很有必要的。因此，通过计算确定主要污染物和主要污染源之后，还应进行全面的考虑和分析，以最终确定主要污染物和主要污染源。

四、数据处理

1. 根据给定资料，在某区域内进行污染源评价。
2. 撰写污染源评价报告。

任务 1	查阅资料，列出污染源评价的方法。
任务 2	查阅资料，阐述等标污染负荷法的基本原理。
任务 3	查阅资料，写出等标污染负荷法的基本步骤。
任务 4	根据给定资料，进行区域污染源评价，并撰写污染源评价报告。
问题 1	等标污染负荷法有什么局限性?
问题 2	撰写污染源评价报告时应注意什么?

实训八　某化工厂的工程分析

一、目的

1．熟悉工程分析的基本含义

2．熟悉工程分析的基本内容

3．熟悉工程分析的基本方法

4．掌握用类比法、物料衡算法、资料复用法进行工程分析的步骤

二、原理

对工程加以分析、调查，找出其中浪费、不均匀、不合理的地方，并进行改善的方法，称为工程分析。工程分析的主要作用包括：为项目决策提供重要依据；为专题预测评价提供基础数据；为生态环境保护设计提供优化建议；为科学管理提供依据。

工程分析的方法主要有类比法、物料衡算法、资料复用法。

1．类比法

1）项目之间的相似性和可比性

（1）工程一般特征的相似性，包括项目性质、项目规模、车间组成、产品结构、工艺路线、生产方法、生产原料、燃料成分和消耗量、用水量和设备类型等。

（2）污染物排放特征的相似性，包括排放类型、排放浓度、排放强度、排放量、排放方式和去向，以及污染方式和途径。

（3）环境特征的相似性，包括气象、地貌、生态、环境功能及污染情况等的相似性。

2）经验排污系数法相关公式

$$A = A_D M \tag{2-55}$$

$$A_D = B_D - (a_D + b_D + c_D + d_D) \tag{2-56}$$

式中：

A——某污染物的排放总量；

A_D——单位产品某污染物的排放定额；

M——某产品的总产量；

B_D——单位产品投入或生成的某种污染物量；

a_D——单位产品中某种污染物的量；

b_D——单位产品生成的副产物、回收品中某种污染物的量；

c_D——单位产品分解转化的污染物量；

d_D——单位产品被净化处理的污染物量。

2. 物料衡算法——计算污染物排放量最常规、最基本的方法

$$\sum M_{投入} = \sum M_{产品} + \sum M_{流失} \tag{2-57}$$

式中：

$\sum M_{投入}$——投入系统的物料总量；

$\sum M_{产品}$——产出产品总量；

$\sum M_{流失}$——物料流失总量。

1）总物料衡算公式

$$\sum G_{排放} = \sum G_{投入} - \sum G_{回收} - \sum G_{处理} - \sum G_{转化} - \sum G_{产品} \tag{2-58}$$

式中：

$\sum G_{投入}$——投入物料中的某种污染物总量；

$\sum G_{产品}$——进入产品结构中的某种污染物总量；

$\sum G_{回收}$——进入回收产品中的某种污染物总量；

$\sum G_{处理}$——净化处理掉的某种污染物总量；

$\sum G_{转化}$——生产过程中被分解、被转化的某种污染物总量；

$\sum G_{排放}$——某种污染物的排放总量。

2）单元工艺过程或单位操作的物料衡算

对单元工艺过程或某单位操作过程进行物料衡算，可以确定这些单元工艺过程、单位操作过程的污染物生成量。例如，对管道和泵的输送过程、吸收过程、分离过程、反应过程等进行物料衡算，可以确定这些过程中的物料损失量，从而掌握污染物生成量。在基础资料比较翔实、生产工艺比较熟悉的情况下，优先采用物料衡算法计算污染物排放量。

3. 资料复用法

利用同类工程已有的环境评价资料或可研报告等进行工程分析，虽然方法比较简单，但数据的准确性很难保证，因此该方法只能在评价等级较低的项目工程分析中使用。

三、基本内容

工程分析的内容具体包括如下方面。

（一）工程概况

1. 工程情况、工程一般性特征简介

该部分重点介绍工程基本情况、主要环境问题等。

2. 物料与能源消耗定额

物料与能源消耗定额涉及原料和辅料的名称、单位产品消耗量、年总消耗量、来源、组分（有毒、有害原料和辅料）等，如表 2-21 所示。

表 2-21 项目原料和辅料的消耗量

序号	名称	单位产品消耗量	年总消耗量	来源
1				
2				
3				
4				

3. 项目组成

（1）分类：①主体工程；②辅助工程；③公用工程；④生态环境保护工程；⑤办公室及生活设施；⑥储运工程。

（2）其他说明：分期项目，按不同建设时期分别说明建设项目规模；改扩项目，应列出现有工程，并说明依托关系。

（二）工艺流程及产污环节分析

1. 确定流程

在项目可研和设计的基础上，根据工艺过程及同类项目的生产实际绘制工艺流程图。

2. 确定产污单元

通过分析，找出产污部位、污染物种类及数量。

3. 确定产污装置和工艺过程

确定产污装置和工艺过程，产污装置和工艺过程之外的其他装置和过程可以简化。

4. 确定化学反应工序

列出主反应方程式和副反应方程式，确定化学反应工序。

5. 绘制总平面图，标出污染位置

在总平面图上，标注清楚污染位置。

（三）污染源强分析与核算

1. 污染物分布及污染源强核算

（1）污染物分布、类型、排放量是工程分析的基础资料，其按建设、运营、服务期满（退役）3个时期详细核算和统计。

（2）污染物分布根据已绘制的工艺流程图，标明产污部位，并列表逐点统计各种污染物的排放强度、排放浓度及排放量。

（3）排放达标情况核算：以项目最终排入环境的污染物和最大负荷核算，确定排放达标情况。

（4）废气的统计和核算：按点源、面源、线源核算，说明污染源强、排放方式、排放高度及存在的问题。

（5）废水的统计：说明废水中污染物的种类、成分、浓度、排放方式和去向。

（6）废物的统计：对废物进行分类，废液应说明种类、成分、处置方式和去向，以及是否属于危险物；废杂应说明有害成分、溢出物浓度、是否属于危险物、排放量、处置和处理方式、贮存方法。

（7）噪声及放射源的统计：列表说明污染源强、剂量和分布。

（8）新项目排放量的统计：①按废水、废气统计各污染物的排放量；②固体废物按一般废物和危险废物统计；③算清“两本账”，最终排放量 = 产生量 − 削减量；④应以车间和工段为核算单位统计，泄漏和放射部分要求实测，当无法实测时，应以年均消耗量定额数据进行物料平衡计算。

（9）清算“三本账”：技改扩建完成后排放量 = 技改扩建完成前排放量 －“以新带老”削减量 + 技改扩建项目排放量。

2. 物料平衡和水平衡

（1）在进行工程分析时，根据不同行业特点，选择若干有代表性的物料，主要针对有毒、有害物料进行平衡计算。

（2）工业用水量和排水量关系如图 2-2 所示。

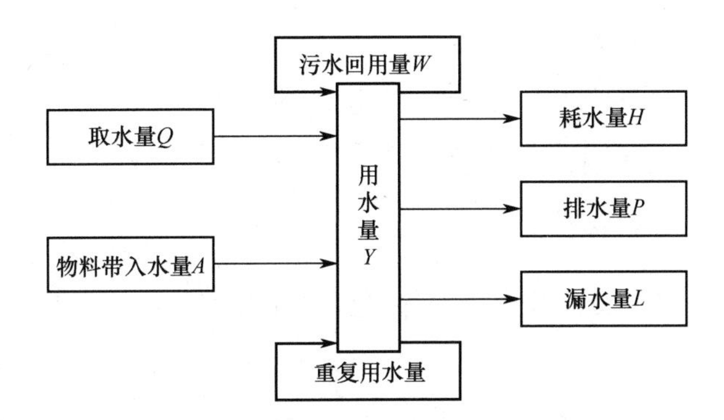

图 2-2　工业用水量和排水量关系

（3）水平衡式：

$$Q + A = H + P + L \tag{2-59}$$

（4）项目取水量计算。

① 相关定义。

取水量：取自地表水、地下水、自来水、海水、城市污水及其他水源的总水量。

重复用水量：生产厂（项目）内部循环使用和循序使用的总水量。

耗水量：整个项目消耗的新鲜水量总和，即

$$H = Q_1 + Q_2 + Q_3 + Q_4 + Q_5 + Q_6 \tag{2-60}$$

式中：

Q_1——产品含水量，即由产品带走的水量；

Q_2——间接冷却水量，即循环冷却水系统补充水量；

Q_3——洗涤用水量（包括装置冲洗水量和生产区地坪冲洗水量）、直接冷却水量和其他工艺用水量之和；

Q_4——锅炉用水量（锅炉运转消耗的水量）；

Q_5——水处理用水量，即再生水处理装置的用水量；

Q_6——生活用水量。

② 项目取水量 = 生产用水量(间接冷却水量 + 工艺用水量 + 锅炉用水量)+ 生活用水量。

3. 污染物排放总量控制建议指标

(1) 定义：污染物排放总量控制建议指标应包括国家规定的指标和项目的特征污染物相关指标，其单位为 t/年。

(2) 污染物排放总量控制必须满足的要求：①达标排放；②其他生态环境保护相关要求；③技术可行。

4. 无组织排放源的统计

(1) 界定标准：工程分析中将没有排气筒或排气筒直径小于 15m 的排放源定义为无组织排放源。

(2) 无组织排放源排放量确定方法包括物料衡算法、类比法、反推法。

5. 非正常排污的污染源强统计和分析

(1) 非正常排污分类：①设备正常开、停，或者部分设备检修时排放的污染物；②在其他非正常工况下排放的污染物。

(2) 非正常排污分析重点：污染产生的原因、发生的频率及处置措施。

(四) 清洁生产水平分析

(1) 清洁生产是一种新的污染防治策略。

(2) 清洁生产可以减轻项目末端处理的负担，提高项目的生态环境可行性。

(3) 已公布清洁生产标准的行业包括炼油、制革、炼焦行业。

(4) 比较项目的单位产品或万元产值的物耗、能耗、水耗和排放水平，并论述其差距。

(五) 生态环境保护措施方案分析

(1) 分析项目可研阶段生态环境保护措施方案的技术、经济可行性。

(2) 分析项目污染处理工艺、排放物达标的可靠性。

(3) 分析项目生态环境保护设施投资构成及其在总投资中的比例。

（4）依托生态环境保护设施的可行性分析。

依托生态环境保护设施：相对于项目新建、改建、扩建的生态环境保护设施，现有生态环境保护设施或将用于污染处理的现有市镇生态环境保护基础设施。

举例说明：现有污水处理厂、固废填埋场、焚烧场，以及市镇污水处理厂、垃圾填埋场等。

可靠性论证：工艺是否合理，污染物性质是否相容。

（六）总布置方案与外环境分析

分析项目周围生态环境保护目标卫生防护距离的可靠性——绘制总布置图：

（1）生态环境保护目标与项目的方位关系；

（2）生态环境保护目标与项目的距离；

（3）生态环境保护目标的内容和性质。

四、数据处理

1．根据给定资料，对某项目进行工程分析。

2．撰写工程分析报告。

任务 1	查阅资料，列出工程分析的基本内容。
任务 2	查阅资料，分析工程分析所用类比法、物料衡算法、资料复用法的局限性。
任务 3	查阅资料，写出物料衡算法的基本步骤。
任务 4	根据给定资料，进行区域污染源评价，并撰写污染源评价报告。
问题 1	物料衡算法有什么利弊？
问题 2	撰写工程分析报告时应注意什么？

实训九　环境影响评价等级划分

一、目的

1．了解环境影响评价等级含义

2．熟悉大气、水体、土壤环境影响评价等级的划分

3．根据计算，确定环境影响评价等级

二、原理

环境影响评价等级划分的原则：

（1）建设项目的工程特点，包括工程性质、工程规模、能源和资源的使用量和类型、污染源等；

（2）建设项目所在地区的环境特征（自然环境特点、环境敏感程度、环境质量现状、社会经济状况等）；

（3）建设项目的规模；

（4）国家或地方政府颁布的有关法规。

三、基本内容

1．大气环境影响评价等级划分

根据《环境影响评价技术导则 大气环境》（HJ 2.2—2018），大气环境影响评价等级根据评价项目主要污染物排放量、地形的复杂程度，以及当地的大气环境质量，划分为一级、二级、三级。

等标排放量的计算公式为

$$P_i = (Q_i / C_{0i}) \times 10^9 \tag{2-61}$$

式中：

P_i——第 i 种污染物的等标排放量，单位为 m^3/h；

Q_i——第 i 种污染物单位时间的排放量，单位为 t/h；

C_{0i}——第 i 种污染物的空气质量标准，单位为 mg/m^3，一般由大气环境质量二级标准的小时平均浓度来确定。

大气环境影响评价等级划分如表 2-22 所示。

表 2-22 大气环境影响评价等级划分

等标排放量（P_i） 地形	$P_i \geq 2.5\times10^9$	$2.5\times10^8 \leq P_i < 2.5\times10^9$	$P_i < 2.5\times10^8$
复杂地形	一级	二级	二级
平原	二级	三级	三级

2. 水体环境影响评价等级划分

地表水环境影响评价等级划分的依据包括污水排放量、污水水质的复杂程度、受纳水体的水域规模、水环境质量要求等。

（1）建设项目的污水排放量。污水排放量分为 5 个档次：①≥20000m^3/d；②10000～20000m^3/d；③5000～10000m^3/d；④1000～5000m^3/d；⑤200～1000m^3/d。

（2）污水水质的复杂程度。①复杂：污染物种类数≥3，或者只有 2 种污染物，但需要预测浓度的水质参数≥10。②中等：污染物种类数为 2，或者只有 1 种污染物，但需要预测浓度的水质参数≥7。③简单：污染物种类数为 1，需要预测浓度的水质参数＜7。

（3）地表水域规模。①大：多年平均流量≥150m^3/s 的河流，水面面积≥50km^2（水深＜10m）或水面面积≥25km^2（水深≥10m）的湖（水库）。②中：多年平均流量为 15～150m^3/s 的河流，水面面积为 5～50km^2（水深＜10m）或水面面积为 2.5～25km^2（水深≥10m）的湖（水库）。③小：多年平均流量＜15m^3/s 的河流，水面面积＜5km^2（水深＜10m）或水面面积＜2.5km^2（水深≥10m）的湖（水库）。

（4）水环境质量要求：将《地表水环境质量标准》（GB 3838—2002）中规定的地表水环境质量等级作为判定依据，水环境质量等级要求越高，相应的评价等级也越高。

四、数据处理

1. 根据给定资料，进行某项目的环境影响评价等级划分。

2. 撰写环境影响评价等级划分报告。

任务 1	查阅资料，列出大气环境影响评价等级的划分方法。
任务 2	查阅资料，列出水体环境影响评价等级的划分方法。
任务 3	查阅资料，列出声环境影响评价等级的划分方法。
任务 4	根据给定资料，进行某地区环境影响评价等级划分，并撰写环境影响评价等级划分报告。
问题 1	环境影响评价等级最终如何确定?
问题 2	撰写环境影响评价等级划分报告时应注意什么?

实训十　大气环境影响评价模型

一、目的

1．熟悉大气环境预测模型及其适用性

2．熟悉大气环境条件及边界的简化方法

3．掌握高架点源高斯大气扩散公式的应用

二、原理

大气环境影响评价是对建设项目大气环境可行性的论证，是大气污染物防治设计的依据之一，也是环境管理的依据，更是环境影响评价的重要组成部分。

三、内容

在大气环境影响评价的实际工作中，大气扩散计算通常以高斯大气扩散公式为主。

高斯大气扩散模式是一类简单、实用的大气扩散模式。假定在均匀、定常的湍流大气中污染物浓度满足正态分布，则可以推导出一系列高斯大气扩散公式。

但是，实际大气不满足均匀、定常条件，因此一般的高斯大气扩散公式应用于下垫面均匀平坦、气流稳定的小尺度扩散问题更有效。

1．连续点源烟流扩散公式

所有连续点源扩散公式，包括应用于各种特殊条件下的变形公式，仅适用于连续排放扩散物质且污染源强恒定的源。

当有风时（$u \geqslant 1.5$m/s），可采用连续点源烟流扩散公式。设地面为全反射体，则有

$$c(x,y,z,H)=\frac{Q}{2\pi u_x\sigma_y\sigma_z}\mathrm{e}^{-\frac{y^2}{2\sigma_y^2}}\left[\mathrm{e}^{-\frac{(z-H)^2}{2\sigma_z^2}}+\mathrm{e}^{-\frac{(z+H)^2}{2\sigma_z^2}}\right] \tag{2-62}$$

式中：

$c(x, y, z, H)$——(x, y, z)处污染物的浓度，单位为 kg/m³；

Q——源强（源释放速率），单位为 kg/s；

u_x——x 方向平均风速，单位为 m/s；

σ_y——水平扩散参数，单位为 m；

σ_z——垂直扩散参数，单位为 m；

H——排放源的高度，单位为 m；

x——主导风向方向的距离，单位为 m；

y——水平方向的距离，单位为 m；

z——垂直方向的距离，单位为 m；

扩散参数σ_y、σ_z 通常表示为

$$\sigma_y = \gamma_1 x^{\sigma_1} \tag{2-63}$$

$$\sigma_z = \gamma_2 x^{\sigma_2} \tag{2-64}$$

2. 有混合层反射的扩散公式

大气边界层中通常会出现这样的垂直温度分布：低层是中性层结或不稳定层结，在距离地面几百米至 1～2km 的高度存在一个稳定的逆温层，即上部逆温层，它使污染物的垂直扩散受到抑制。观测表明，逆温层底部和顶部的浓度通常相差 5～10 倍，污染物的扩散实际上被限制在地面和逆温层底部之间。逆温层上部或稳定层底部所处的高度被称为混合层高度（或厚度），用 h 表示。

设地面及混合层全反射，连续点源烟流扩散公式如下。

（1）当$\sigma_z < 1.6h$ 时，有

$$c(x,y,z,H)=\frac{Q}{2\pi u\sigma_y\sigma_z}\mathrm{e}^{-\frac{y^2}{2\sigma_y^2}}\sum_{n=-\infty}^{\infty}\left[\mathrm{e}^{-\frac{(z-H_\mathrm{e}+2nh)}{2\sigma_z^2}}+\mathrm{e}^{-\frac{(z+H_\mathrm{e}+2nh)}{2\sigma_z^2}}\right] \tag{2-65}$$

式中：

$c(x, y, z, H)$——(x, y, z)处污染物的浓度，单位为 kg/m³；

Q——源强（源释放速率），单位为 kg/s；

u_x——x 方向平均风速，单位为 m/s；

σ_y——水平扩散参数，单位为 m；

σ_z——垂直扩散参数，单位为 m；

H_e——排放源的有效高度，单位为 m；

x——主导风向方向的距离，单位为 m；

y——水平方向的距离，单位为 m；

z——垂直方向的距离，单位为 m；

h——混合层高度（或厚度），单位为 m；

n——烟流在两界间的反射系数，取值为–4～4即可达到足够的精度。

（2）当$\sigma_z > 1.6h$时，污染物浓度在垂直方向已接近均匀分布，则有

$$c(x,y,H)=\frac{Q}{\sqrt{2\pi}u\sigma_y h}\mathrm{e}^{-\frac{y^2}{2\sigma_y^2}}\int_{-\infty}^{p}\frac{1}{\sqrt{2\pi}}\mathrm{e}^{-\frac{p^2}{2}}\mathrm{d}p \tag{2-66}$$

式中：

p——熏烟高度在垂直方向的变化，单位为 m。

其他参数的含义与式（2-65）相同。

3. 熏烟扩散公式

高架连续点源排入稳定大气层中的烟流，在下风向有效源高度上形成狭长的高浓度带。当低层增温使稳定层自下而上转变成中性时，或者当不稳定层结扩展到烟流高度时，烟流向下扩散发生熏烟过程，导致地面附近污染物浓度较高。此时，在熏烟高度Z_f以下污染物浓度在垂直方向接近均匀分布，地面附近污染物浓度计算公式为

$$c(x,y,z,f)=\frac{Q}{\sqrt{2\pi}u\sigma_{yf}Z_f}\mathrm{e}^{-\frac{y^2}{2\sigma_{yf}^2}}\int_{-\infty}^{p}\frac{1}{\sqrt{2\pi}}\mathrm{e}^{-\frac{p^2}{2}}\mathrm{d}p \tag{2-67}$$

式中

$$\sigma_{yf}=\sigma_y+H_e/8,\qquad p=(Z_f-H_e)/\sigma_z$$

当稳定层消退到烟流顶高度h_f时，全部扩散物质向下混合，地面附近污染物浓度计算公式为

$$c_f(x,y,z,f)=\frac{Q}{51\times\sqrt{2\pi}u\sigma_{yf}h_f}\mathrm{e}^{-\frac{y^2}{2\sigma_{yf}^2}} \tag{2-68}$$

式中

$$h_f=H_e+2.15\sigma_z$$

4. 连续线源扩散公式

连续线源是指连续排放扩散物质的线状源，其源强处处相等且不随时间变化。在高斯大气扩散模式中，连续线源相当于连续点源在线源长度上的积分，其污染物浓度公式为

$$c(x,y,z)=\frac{Q_L}{u}\int_0^L f\mathrm{d}l \tag{2-69}$$

式中：

L——线源的长度，单位为 m。

Q_L——线源强，为单位时间、单位长度内排放的物质量；

f——连续点源浓度的函数，根据源高及有无混合层反射等情况选择适当的表达式。

5. 连续面源扩散公式之虚点源法

源强恒定的面源被称为连续面源。对面源扩散进行处理的方法主要有虚点源法和积分法等。

设每个面源单元上风向都有一个虚点源，它所形成的浓度分布效果与对应的面源单元相当。于是，可以用虚点源的浓度公式计算面源的浓度，即

$$c(x,y,z)=\frac{Q_A}{2\pi u\sigma_y(x+x_y)\sigma_z(x+x_z)}\mathrm{e}^{-\frac{y^2}{2\sigma_y^2(x+x_y)^2}}\left[\mathrm{e}^{-\frac{(z-H_\mathrm{e})^2}{2\sigma_z^2(x+x_z)^2}}+\mathrm{e}^{-\frac{(z+H_\mathrm{e})^2}{2\sigma_z^2(x+x_z)^2}}\right] \tag{2-70}$$

式中：

Q_A——某面源单元的源强，在虚点源法中，其单位与连续线源相同；

x、y、z——计算点的坐标，坐标原点位于面源中心在地面的垂直投影点上；

x_y、x_z——虚点源向上风向的后退距离。

四、数据处理

1. 根据给定资料，进行某项目的大气环境影响预测及评价。

2. 撰写大气环境影响评价报告。

任务 1	查阅资料，熟悉当地大气环境资料的概况。
任务 2	查阅资料，列出大气环境预测模型的适用条件。

任务 3	查阅资料，写出不同大气环境预测模型的差异和局限性。
任务 4	根据给定资料，进行某地区大气环境影响评价，并撰写大气环境影响评价报告。
问题 1	如何选择合适的大气环境预测模型?
问题 2	撰写大气环境影响评价报告时应注意什么?

实训十一　水环境影响评价模型

一、目的

1．熟悉水环境预测模型及适用性

2．熟悉污染源的简化方法

3．掌握一维水质模型的应用

二、原理

选择水环境预测模型时，应该考虑以下几个方面。

（1）充分混合段可以采用一维水质模型或零维水质模型预测断面平均水质。大、中河流，并且在排放口下游3～5km内有集中取水点或其他特别重要的生态环境保护目标时，均应采用二维水质模型或其他模型预测混合过程段水质。其他情况可以根据工程情况、环境特点、评价工作等级及当地生态环境保护要求，决定是否采用二维水质模型。

（2）可以采用一维水质模型预测河流断面水温平均值，或者采用其他预测方法。pH值视具体情况可以采用零维水质模型预测。

（3）小湖（库）可以采用零维水质模型预测其平衡时的平均水质，大湖应预测排放口附近各点的水质。

三、基本内容

（一）河流中污染物的混合和衰减模型

1．完全混合模型

$$\rho_0 = \frac{Q\rho_1 + q\rho_2}{Q + q} \tag{2-71}$$

式中：

ρ_0——废水和河水混合后污染物的浓度，单位为mg/L；

ρ_1——排污口上游河流中污染物的浓度，单位为mg/L；

ρ_2——废水中污染物的浓度，单位为 mg/L；

Q——河流的流量，单位为 m^3/s；

q——排入河流的废水流量，单位为 m^3/s。

2. 一维水质模型和多维水质模型

在河流的流量和其他水文条件稳态的情况下，可以采用一维水质模型对污染物浓度进行预测。

3. BOD-DO 耦合模型

河水中溶解氧（DO）浓度是决定水质的重要参数之一，而排入河流的需氧有机物在衰减过程中将不断消耗 DO，同时，空气中的氧气又不断溶解到河水中。H. Streeter 和 E. Phelps 于 1925 年提出了描述河流中生化需氧量（BOD）和溶解氧（DO）变化规律的一维水质模型，简称 S-P 模型。S-P 模型至今仍得到广泛的应用，它是各种修正水质模型和复杂水质模型的先导和基础。

建立 S-P 模型的基本假定如下：

（1）BOD 的衰减和 DO 的复氧都是一级反应；

（2）反应速率常数是定值；

（3）耗氧是由需氧有机物衰减引起的，溶解氧的来源则是大气复氧。

S-P 模型方程为

$$\frac{\mathrm{d}\rho_{\mathrm{BOD}}}{\mathrm{d}t} = -K_1\rho_{\mathrm{BOD}} \tag{2-72}$$

$$\frac{\mathrm{d}\rho_{\mathrm{OD}}}{\mathrm{d}t} = K_1\rho_{\mathrm{BOD}} - K_2\rho_{\mathrm{OD}} \tag{2-73}$$

式中：

ρ_{BOD}——河水中的 BOD 量，单位为 mg/L；

ρ_{OD}——河水中的需氧量，单位为 mg/L；

K_1——河水中 BOD 耗氧速度常数，单位为 d^{-1}；

K_2——河水中复氧速度常数，单位为 d^{-1}；

t——河水中的流动时间，单位为 d。

（二）污染物在河口的混合和衰减模型

当河口流动为均匀、恒定的水流上溯或下泄，污染物稳态排入水体时，污染物在河

口的混合和衰减一维模型的方程为

$$\frac{\partial\rho}{\partial t}+u_x\frac{\partial\rho}{\partial x}=E_x\frac{\partial^2\rho}{\partial x^2}-K\rho \tag{2-74}$$

式中：

ρ——排污口下游处污染物的浓度，单位为 mg/L；

x——河段下游的纵向距离，单位为 m；

u_x——河水流速，单位为 m/s；

t——污染物迁移时间，单位为 s；

E_x——弥散系数，单位为 m^2/s；

K——污染物的降解系数，单位为 d^{-1}。

（三）湖泊完全均匀混合模型

基本假定：湖泊（水库）为一个均匀混合的水体，即湖泊（水库）中某种营养物的浓度随时间的变化率是输入、输出和沉积的该种营养物量的函数。

适用条件：湖泊完全均匀混合模型适用于停留时间很长、水质基本处于稳定状态的中小型湖泊和水库。

1. 污染物（营养物）混合和降解模型

$$V\frac{\mathrm{d}\rho}{\mathrm{d}t}=\overline{W}-Q\rho-K_1\rho V \tag{2-75}$$

式中：

V——湖泊的蓄水量，单位为 m^3；

ρ——某污染物的浓度，单位为 mg/L；

t——污染物迁移时间，单位为 s；

$\overline{W}$——单位时间从各途径排入湖泊的污染物质量，单位为 kg/s；

Q——出湖流量，单位为 m^3；

K_1——湖中某污染物的降解速率，单位为 g/h。

当 $t=0$ 时，$\rho=\rho_0$；当 $t=t$ 时，$\rho=\rho_t$，对式（2-75）积分得

$$\rho_t=\frac{\phi}{Q+K_1V}\left(\frac{\overline{W}}{\phi}-\mathrm{e}^{-\left(\frac{Q}{V}+K_1\right)t}\right) \tag{2-76}$$

或

$$\rho_t = \frac{\bar{W}}{\alpha V}(1 - e^{-\alpha t}) + \rho_0 e^{-\alpha t} \tag{2-77}$$

式中，$\phi = \bar{W} - (Q + K_1 V)\rho_0$，$\alpha = \frac{Q}{V} + K_1$，$\bar{W} = \bar{W}_0 + \rho_p q$。

2. 卡拉乌舍夫模型

对于水域宽阔的大湖，应考虑废水在湖水中的稀释扩散现象，这时可以采用卡拉乌舍夫模型进行水质预测。

对于持久性污染物，卡拉乌舍夫模型为

$$\frac{\partial \rho_r}{\partial t} = \left(E - \frac{q}{\phi H}\right)\frac{1}{r}\frac{\partial \rho_r}{\partial r} + E\frac{\partial^2 \rho_r}{\partial r^2} \tag{2-78}$$

在稳态、无风时，模型的解为

$$\rho_r = \rho_p - (\rho_p - \rho_{r_0})\left(\frac{r}{r_0}\right)^{\frac{q}{\phi H E_r}} \tag{2-79}$$

式中：

r_0——某个距离排放口充分远的已知点到排放口的距离；

ρ_{r_0}——污染物在 r_0 处的浓度，可取现状浓度。

四、数据处理

1. 根据给定的环境现状资料，选择某项目的水环境影响预测模型。

2. 撰写水环境影响预测报告。

任务 1	查阅资料，熟悉环境资料的概化方法。
任务 2	查阅资料，列出水环境影响预测模型的适用条件。
任务 3	查阅资料，写出不同水质模型的差异和局限性。
任务 4	根据给定资料，进行某地区水环境影响评价，并撰写评价报告。
问题 1	如何选择合适的水质模型？
问题 2	撰写水环境影响预测报告时应注意什么？

实训十二　土壤环境影响评价模型

一、目的

1. 熟悉土壤环境影响评价的含义
2. 了解土壤环境影响评价的基本模型
3. 掌握水土流失的预测

二、原理

土壤环境影响分为土壤污染型、土地退化型、土壤破坏型。不同的建设项目，施工过程、生产过程不同，涉及的原材料、生产工艺不同，排放的废物及其对土壤环境的影响也不同，因此应根据不同的建设项目选择不同的土壤环境预测模型进行环境影响评价。

三、内容

根据土壤环境影响，土壤环境预测模型可以分为土壤污染型环境预测模型和土地退化型环境预测模型。

（一）土壤中污染物的运动及其变化趋势预测

（1）预测污染物在土壤中累积和土壤污染趋势的一般方法和步骤如下：

- 计算土壤污染物的输入量；
- 计算土壤污染物的输出量；
- 计算污染物的残留率；
- 预测土壤污染趋势。

（2）农药残留模式为

$$R = Ce^{-kt} \tag{2-80}$$

式中：

R——农药残留量，单位为 mg/kg；

C——土壤环境标准，单位为 mg/kg；

k——常数；

t——时间，单位为年。

（3）重金属污染物累积模式为

$$W = K(B + E) \tag{2-81}$$

式中：

W——污染物在土壤中的年累积量，单位为 mg/kg；

K——污染物在土壤中的年残留率，以百分比表示；

B——区域土壤背景值，单位为 mg/kg；

E——污染物的年输入量，单位为 mg/kg。

（4）土壤环境容量计算模式为

$$Q = (C_{\mathrm{R}} - B) \times 2250 \tag{2-82}$$

式中：

Q——土壤环境容量，单位为 $\mathrm{g/hm^2}$；

C_{R}——土壤临界容量，单位为 mg/kg；

B——区域土壤背景值，单位为 mg/kg；

2250——每公顷土地耕作层的土壤质量，单位为 $\mathrm{t/hm^2}$。

（二）土壤退化趋势预测

通用土壤侵蚀方程为

$$A = RKLSPC \tag{2-83}$$

式中：

A——年平均土壤侵蚀量，单位为 $\mathrm{t/hm^2}$；

R——降水及径流因子，单位为 $\mathrm{MJ \cdot mm \cdot hm^{-2} \cdot h^{-1} \cdot a^{-1}}$；

K——土壤侵蚀性因子，含义是坡长为 22.13m、坡度为 9°、经过多年连续种植过的休耕土地上单位降雨系数的侵蚀率；

L——坡长，单位为 m；

S——坡度，单位为°；

P——水土保护措施因子；

C——地表植被覆盖因子。

四、数据处理

1．根据给定环境现状资料，识别土壤环境影响是土壤污染型、土地退化型，还是土壤破坏型，并选择某项目的土壤环境预测模型。

2．撰写土壤环境影响评价报告。

任务1	查阅资料，熟悉当地土壤环境资料，并掌握其概化方法。
任务2	查阅资料，写出土壤环境预测模型的适用条件。
任务3	查阅资料，阐述不同土壤环境预测模型的差异和局限性。
任务4	根据给定资料，进行某地区土壤环境影响预测，并撰写土壤环境影响评价报告。
问题1	如何选择合适的土壤环境预测模型？
问题2	撰写土壤环境影响评价报告时应注意什么？

实训十三 环境风险评价

一、目的

1．熟悉环境风险评价的含义及分类

2．了解环境风险评价的基本模型

3．掌握大气环境风险预测应用

二、原理

环境风险评价是指对建设项目建设期间和运营期间发生的可预测突发性事件/事故引起有毒有害、易燃易爆等物质泄漏，或者突发性事件/事故产生新的有毒有害物质，对人身安全和环境的影响和损害进行评估，并提出防范、应急、减缓措施。在环境现状调查过程及工程分析中，认识风险的存在，判断风险的允许程度，提出事故的预防和应急措施，防止和减少事故的发生和发展。

三、内容

在泄漏物质环境风险分析过程中，确定泄漏物质的性质、相、压力、温度、易燃性、毒性等。

1．液体泄漏速率（伯努利方程）

$$Q_L = C_d A \rho \sqrt{\frac{2(P-P_0)}{\rho} + 2gh} \tag{2-84}$$

式中：

Q_L——液体的泄漏速度，单位为kg/s；

C_d——液体的泄漏系数，常用取值为0.6～0.64；

A——裂口面积，单位为m^2；

P——容器内介质压力，单位为Pa；

P_0——环境压力，单位为 Pa；

ρ——泄漏液体的密度，单位为 kg/m^3；

g——重力加速度，取值为 9.81m/s^2；

h——裂口之上的液位高度，单位为 m。

2. 气体泄漏速率

（1）若气体流速在音速范围（临界流）内，则

$$\frac{P_0}{P} \leqslant \left(\frac{2}{k+1}\right)^{\frac{k}{k-1}} \tag{2-85}$$

（2）若气体流速在亚音速范围（次临界流）内，则

$$\frac{P_0}{P} > \left(\frac{2}{k+1}\right)^{\frac{k}{k-1}} \tag{2-86}$$

式中：

P——容器内介质压力，单位为 Pa；

P_0——环境压力，单位为 Pa；

k——气体的绝热指数（热容比），即定压热容 C_P 与定容热容 C_V 之比。

假定气体的特性是理想气体，则气体泄漏速率 Q_G 的计算公式为

$$Q_G = YC_dAP\sqrt{\frac{Mk}{RT_G}\left(\frac{2}{k+1}\right)^{\frac{k+1}{k-1}}} \tag{2-87}$$

式中：

Q_G——气体泄漏速率，单位为 kg/s；

P——容器压力，单位为 Pa；

C_d——气体泄漏系数，当裂口形状为圆形时取 1.00，当裂口形状为三角形时取 0.95，当裂口形状为长方形时取 0.90；

A——裂口面积，单位为 m^2；

M——气体的分子量；

R——气体常数，单位为 J/(mol·K)；

T_G——气体温度，单位为 K；

Y——流出系数，对于临界流，$Y=1.0$，对于次临界流，Y的计算公式为

$$Y=\left(\frac{P_0}{P}\right)^{\frac{1}{k}}\left\{1-\left(\frac{P_0}{P}\right)^{\frac{k-1}{k}}\right\}^{\frac{1}{2}}\left\{\left(\frac{2}{k-1}\right)\left(\frac{k+1}{2}\right)^{\frac{k+1}{k-1}}\right\}^{\frac{1}{2}} \tag{2-88}$$

3. 两相流泄漏速率

假定液相和气相都是均匀的，并且相互平衡，则两相流泄漏速率的计算公式为

$$Q_{LG}=C_d A\sqrt{2\rho_m(P-P_C)} \tag{2-89}$$

式中：

Q_{LG}——两相流泄漏速率，单位为 kg/s；

C_d——两相流泄漏系数，取值通常为 0.8；

A——裂口面积，单位为 m^2；

P——操作压力或容器压力，单位为 Pa；

P_C——临界压力，单位为 Pa，通常取值为 0.55Pa；

ρ_m——两相混合物的平均密度，单位为 kg/m^3，计算公式为

$$\rho_m=\frac{1}{\frac{F_V}{\rho_1}+\frac{1-F_V}{\rho_2}} \tag{2-90}$$

式中：

ρ_1——液体蒸发的蒸气密度，单位为 kg/m^3；

ρ_2——液体密度，单位为 kg/m^3；

F_V——蒸发液体占液体总量的比例，计算公式为

$$F_V=\frac{C_P(T_{LG}-T_C)}{H} \tag{2-91}$$

式中：

C_P——两相混合物的定压比热，单位为 J/(kg·K)；

T_{LG}——两相混合物的温度，单位为 K；

T_C——液相在临界压力下的沸点，单位为 K；

H——液体的气化热，单位为 J/kg。

另外，当 $F_V>1$ 时，液体将全部蒸发为气体，此时应按气体泄漏速率公式计算；如果 F_V 很小，则可近似地按液体泄漏速率公式计算。

四、数据处理

1．根据给定环境现状资料，识别环境风险等级及其影响范围。

2．写出项目环境风险评价的基本步骤。

3．选择合适的模型，并对某项目的环境风险进行评价。

4．撰写环境风险评价报告。

任务 1	查阅资料，在工程分析过程中分析该项目的环境风险。
任务 2	查阅资料，列出该项目环境风险评价的基本步骤。
任务 3	查阅资料，阐述不同环境风险评价模型的差异和局限性。
任务 4	根据给定资料，进行项目的环境风险评价，提出预防措施，并撰写环境风险评价报告。
问题 1	如何选择合适的环境风险评价模型？
问题 2	撰写环境风险评价报告时应注意什么？

实训十四　环境影响评价大纲

一、目的

1. 了解环境影响评价的含义
2. 了解环境影响评价设计的环境标准、环境法规、行业生态环境保护政策
3. 熟悉环境影响评价的基本程序
4. 掌握环境影响评价大纲的基本内容

二、原理

环境影响评价大纲是在环境影响评价正式开始之前编写的提纲式文件。根据环境影响评价大纲的基本内容部署后续的工作，可以为环境影响评价的总体工作提供一定的指导。环境影响评价大纲包括评价任务的由来、编制依据、控制污染和保护环境的目标、采用的评价标准、评价项目及其工作等级、环境要素影响评价的重点等。环境影响评价大纲的编制可以为后续的工作提供一些准备。

三、基本内容

环境影响评价大纲的基本内容如下。

（1）总则：包括评价任务的由来、编制依据、控制污染和保护环境的目标、采用的评价标准等。

（2）建设项目概况：若建设项目为扩建项目，则应同时介绍现有工程概况。

（3）拟建地区的环境简况：在介绍拟建地区的环境简况时，应附拟建地区的位置图。

（4）建设项目工程分析的内容和方法：根据当地的环境特点，以及项目的环境影响评价工作和重点等因素，说明工程分析的内容、方法和重点。

（5）建设项目周围地区的环境现状调查，包括：①一般自然环境和社会环境现状调查；②环境中与评价建设项目关系较密切部分的现状调查。

（6）预测与评价建设项目的环境影响。根据各评价建设项目的工作等级、环境特点，尽量详细说明环境影响预测方法、预测内容、预测范围、预测时段及有关参数的估值方法等。若对建设项目的环境影响进行综合评价，还应说明拟采用的环境影响评价方法。

（7）评价工作成果清单，以及拟提出的结论和建议的内容。

（8）评价工作的组织及计划安排。

（9）评价工作的经费概算。

四、数据处理

1．根据给定环境现状资料，识别环境影响评价等级及其影响范围。

2．编制评价建设项目的环境影响评价大纲。

任务 1	查阅给定资料，进行环境影响识别。
任务 2	根据给定资料，分析、计算该项目的环境影响评价等级。
任务 3	分析查阅资料，阐述大气、水体、土壤、声、生态等的现状评价模型及环境影响评价模型。
任务 4	分析查阅资料，拟定不同环境要素现状调查、监测的初步方案。
任务 5	分析资料，拟定环境影响预测的方案。
任务 6	根据资料及拟定的环境影响评价大纲，分析环境影响评价大纲编制的前期准备工作（实施调研、收集资料、组织协调等）是否充分。
问题 1	如何选择合适的环境现状评价模型？
问题 2	撰写环境影响评价报告时应注意什么？

第三章　课程实习环节

第一节　生产实习指导

一、实习目的

1. 通过实习巩固环境影响评价理论课程学习的基本内容

2. 进行现场实地调查，将理论知识运用到实践中，提高学生分析问题、解决问题的能力

3. 根据实际情况，对所调查内容进行分析评价，了解环境影响评价的实际过程，巩固所学的基本知识

4. 进一步巩固提高专业技能，为就业打下坚实的专业基础

二、实习时间及安排

实习时间 1 周（学习完环境影响评价课程之后进行）。

第 1 天：实习动员，认识环境影响评价实习的重要性和意义，联系实习单位，熟悉环境，了解工作内容。

第 2～5 天：基地实习，获取相关资料，实习内容由单位安排，撰写实习记录。

第 6～7 天：整理资料，撰写实习报告，实习汇报。

注：实习时间为 1 周，学生进行分组，并被安排在不同的实习单位。

三、实习内容

（一）环境现状调查

1. 区域自然环境现状

（1）地质地貌；

（2）气象气候；

（3）水文状况；

（4）植被状况。

2. 区域社会状况

（1）人口状况；

（2）经济状况；

（3）交通状况；

（4）文教卫生状况。

3. 区域土壤环境调查

4. 区域水环境调查

5. 区域大气环境调查

（二）现状监测评价

（1）环境标准的确定；

（2）大气、水、土壤、生态环境监测；

（3）数据分析，进行现状评价；

（4）撰写实习报告。

四、实习报告撰写及总结

（1）实习成果：包括实习日志、实习记录、实习报告。

（2）撰写实习成果的要求：

① 实习日志的内容一般包括日期、地点、现场指导老师、出勤、现场纪律等几个部分。

② 实习记录的内容一般包括日期、地点、现场指导老师、实习内容、现场工艺及设备等。

③ 实习报告的内容一般包括实习内容、个人心得等。

五、实习期间基本要求

（1）学生应在教师的指导下，积极、主动地完成规定的全部任务，不得无故拖延。

（2）严格遵守设计纪律，原则上不得请假，因特殊原因必须请假者，一律由系领导批准。

（3）按规定时间完成个人需要撰写的实习成果内容。抄袭他人实习成果内容、不按要求或未完成全部实习内容、无故旷课两次及以上、缺勤时间达 1/3 及以上者，环境影响评价实习成绩定为不及格。

第二节　大气环境影响评价实习

一、实习目的

1．通过实习巩固环境影响评价理论课程学习的基本内容

2．进行现场实地调查，将理论知识运用到实践中，提高学生分析问题、解决问题的能力

3．根据实际情况，对所调查内容进行分析评价，了解大气环境影响评价的实际过程，巩固所学的基本知识

4．进一步巩固提高专业技能，为就业打下坚实的专业基础

二、实习时间及安排

实习时间 1 周（学习完环境影响评价课程之后进行）。

第 1 天：实习动员，认识环境影响评价实习的重要性和意义，联系实习单位，熟悉环境，了解工作内容。

第 2～5 天：基地实习，获取相关的资料，实习内容由实习单位安排，撰写实习记录。

第 6～7 天：整理资料，撰写实习报告，进行实习汇报。

注：实习时间为 1 周，学生进行分组，并被安排在不同的实习单位。

三、实习内容

（一）大气环境现状调查

（1）分析资料，进行布点采样；

（2）分析采样数据；

（3）选择评价标准；

（4）大气环境现状评价。

（二）大气环境影响评价

（1）分析给定项目的资料，熟悉地区的大气环境现状；

（2）分析污染源数据；

（3）进行工程分析；

（4）环境标准的确定；

（5）概化边界条件，选定模型，进行预测模拟；

（6）进行大气环境影响评价，并拟定预防措施。

四、实习报告撰写及总结

（1）实习成果：包括实习日志、实习记录、实习报告。

（2）撰写实习成果的要求：

① 实习日志的内容一般包括日期、地点、现场指导老师、出勤、现场纪律等几个部分。

② 实习记录的内容一般包括日期、地点、现场指导老师、实习内容、现场工艺及设备等。

③ 实习报告的内容一般包括实习内容、个人心得等。

五、实习期间基本要求

（1）学生应在教师的指导下，积极、主动地完成规定的全部任务，不得无故拖延。

（2）严格遵守设计纪律，原则上不得请假，因特殊原因必须请假者，一律由系领导批准。

（3）按规定时间完成个人需要撰写的实习成果内容。抄袭他人实习成果内容、不按要求或未完成全部实习内容、无故旷课两次及以上、缺勤时间达 1/3 及以上者，环境影响评价实习成绩定为不及格。

第三节　水环境影响评价实习

一、实习目的

1．通过实习巩固环境影响评价理论课程学习的基本内容

2．进行现场实地调查，将所学的评价因子选择、环境监测取样、数据处理、水环境预测模型选取等理论知识运用到实践中，提高学生分析问题、解决问题的能力

3．根据实际情况，对所调查内容进行分析评价，了解水环境影响评价的实际过程，巩固所学的基本知识

4．进一步巩固提高专业技能，为就业打下坚实的专业基础

二、实习时间及安排

实习时间 1 周（学习完环境影响评价课程之后进行）。

第 1 天：实习动员，认识环境影响评价实习的重要性和意义，联系实习单位，熟悉环境，了解工作内容。

第 2～5 天：实习地实习，获取相关的资料，实习内容由实习单位安排，撰写实习记录。

第 6～7 天：整理资料，撰写实习报告，进行实习汇报。

注：实习时间为 1 周，学生进行分组，并被安排在不同的实习单位。

三、实习内容

（一）水环境现状调查

（1）分析资料，进行水环境现状调查，根据情况布点采样；

（2）分析采样样品，获得采样数据；

（3）选择评价标准；

（4）进行水环境现状评价。

（二）水环境影响评价

（1）分析给定项目的资料，熟悉地区的水环境现状；

（2）分析水环境污染源数据；

（3）进行项目环境影响识别及工程分析；

（4）水环境标准的确定；

（5）概化水体边界条件，选定水质模型，进行预测模拟；

（6）进行水环境影响评价，并拟定预防措施。

四、实习报告撰写及总结

（1）实习成果：包括实习日志、实习记录、实习报告。

（2）撰写实习成果的要求：

① 实习日志的内容一般包括日期、地点、现场指导老师、出勤、现场纪律等几个部分。

② 实习记录的内容一般包括日期、地点、指导老师、实习内容、现场工艺及设备等。

③ 实习报告的内容一般包括实习内容、个人心得等。

五、实习期间基本要求

（1）学生应在教师的指导下，积极、主动地完成规定的全部实习任务，不得无故拖延。

（2）严格遵守设计纪律，原则上不得请假，因特殊原因必须请假者，一律由系领导批准。

（3）按规定时间完成个人需要撰写的实习成果内容。抄袭他人实习成果内容、不按要求或未完成全部内容、无故旷课两次及以上、缺勤时间达 1/3 及以上者，环境影响评价实习成绩定为不及格。

第四节　土壤环境影响评价实习

一、实习目的

1．通过实习巩固环境影响评价理论课程学习的基本内容

2．进行现场实地调查，将土壤取样、监测、分析等理论知识运用到实践中，做到理论联系实际，提高学生分析问题、解决问题的能力

3．根据实际情况，对所调查内容进行评价，了解土壤环境影响评价的实际过程，巩固所学的基本知识

4．进一步巩固提高专业技能，为就业打下坚实的专业基础

二、实习时间及安排

实习时间 1 周（学习完环境影响评价课程之后进行）。

第 1 天：实习动员，认识环境影响评价实习的重要性和意义，联系实习单位，熟悉环境，了解工作内容。

第 2～5 天：实习地实习，获取相关的资料，实习内容由实习单位安排，撰写实习记录。

第 6～7 天：整理资料，撰写实习报告，进行实习汇报。

注：实习时间为 1 周，学生进行分组，并被安排在不同的实习单位。

三、实习内容

（一）土壤环境现状调查

（1）分析资料，进行土壤环境现状调查，酌情进行土壤采样布点；

（2）采集样品，分析测试采样样品，获得采样数据；

（3）选择评价标准；

（4）进行土壤环境现状评价。

（二）土壤环境影响评价

（1）分析给定项目的资料，熟悉地区的土壤环境现状；

（2）进行污染源数据采集与分析；

（3）进行项目环境影响识别及工程分析；

（4）土壤环境标准确定；

（5）分析资料，确定土壤环境影响是土壤污染型，还是项目建设的水土流失型，并选择相应的模型；

（6）进行土壤环境影响评价，并拟定预防措施。

四、实习报告撰写及总结

（1）实习成果：包括实习日志、实习记录、实习报告。

（2）撰写实习成果的要求：

① 实习日志的内容一般包括日期、地点、现场指导老师、出勤、现场纪律等几个部分。

② 实习记录的内容一般包括日期、地点、指导老师、实习内容、现场工艺及设备等。

③ 实习报告的内容一般包括实习内容、个人心得等。

五、实习期间基本要求

（1）学生应在教师的指导下，积极主动地完成规定的全部实习任务，不得无故拖延。

（2）严格遵守设计纪律，原则上不得请假，因特殊原因必须请假者，一律由系领导批准。

（3）按规定时间完成个人需要撰写的实习成果内容。抄袭他人实习成果内容、不按要求或未完成全部内容、无故旷课两次及以上、缺勤时间达 1/3 及以上者，环境影响评价实习成绩定为不及格。

第四章　课程设计指导

第一节　课程设计任务书

一、设计时间及地点

1. 时间：××××年××月××日至××××年××月××日（2 周）

2. 地点：校内

二、设计目的和要求

1. 掌握环境影响评价中环境影响评价的内容、方法、工作程序及有关要求，重点在于最终掌握环境影响评价报告的撰写方法和编制要点。

2. 要求每位同学接到课程设计任务书后，各自编制“××××××环境影响评价大纲”，通过教师审核后，按评价大纲的具体内容、方法要求，认真、负责地完成实施（此内容由教师和同学们共同制定，各位同学可以有自己具体的评价大纲）。

3. 按已审定的环境影响评价大纲的内容来实施具体评价任务。查阅有关资料，监测、收集具体数据，以及假定的各种因素、条件和有关数据。要求每组同学都必须单独完成，并撰写“××××××环境影响评价报告”。

4. 纪律要求：按时完成资料调查，认真完成资料的收集和整理处理任务，遵守学校的纪律要求；按时、按要求完成环境影响评价报告的撰写。

三、设计题目和内容

1. 题目：××××××环境影响评价报告

2. 内容：××××××环境影响评价

四、设计方法和步骤

（一）给定学生相关资料

给定学生既定任务和要求分析的建设项目名称、概况、工况，以及可能产生的污染和环境问题（要以表格的形式在环境影响评价报告中体现出来）。

（二）编制环境影响评价大纲及报告

首先根据给定的资料编制环境影响评价大纲，然后查阅资料并进行相关计算，最后编制环境影响评价报告（表）。

××××××环境影响评价大纲

1 总论

1.1 环境影响评价项目的由来

1.2 编制环境影响评价报告（表）的目的

1.3 编制依据

1.3.1 法律法规

1.3.2 环境影响评价技术规范

1.3.3 项目文件与资料

1.4 评价标准

1.4.1 环境质量评价标准

1.4.2 污染物排放标准

1.5 评价范围

1.5.1 大气环境影响评价范围

1.5.2 水环境影响评价范围

1.5.3 声环境影响评价范围

1.6 评价工作等级

1.6.1 大气环境影响评价工作等级

1.6.2 水环境影响评价工作等级

1.7 控制与保护目标

1.8 评价工作重点

1.9 评价方法

1.10 评价工作程序

2 ××××××项目概述

2.1 ××××××项目基本情况

介绍项目地理位置、气候、经济状况、交通状况、工业发展、农业现状、地形地貌、生态状况（附市地图）等，以及长远期规划、近期规划、规划区划分。

2.2 ××××××项目基本状况

2.2.1 建设地点

2.2.2 建设项目名称及性质

2.2.3 建设内容及规模

介绍项目建设规模、建设内容、辅助设施。

2.2.4 项目建设区环境概况

介绍项目自然环境概况、社会环境。

2.3 区域环境质量概要及污染源分布

2.4 项目投资及建设期

2.5 项目建设与相关规划的合理性分析

2.6 ××××××项目主要污染源、污染物的排放量

2.6.1 主要污染源

2.6.2 主要污染物

2.6.3 拟定的污染防治措施

2.6.4 工程建设项目的环境因素分析

3 ××××××项目环境现状调查

3.1 大气环境质量现状调查

3.2 地面水环境质量现状调查

3.3 地下水环境质量现状调查

3.4 环境噪声现状调查

3.5 生态环境现状调查

3.6 其他环境现状调查（文物古迹、社会发展等）

4 污染源的调查与评价

4.1 ××××××项目污染源的预估

4.2 评价区域内污染源的调查与评价

5 ××××××项目环境影响预测与评价

5.1 大气环境影响预测与评价

5.1.1 污染气象资料的收集及观测

5.1.2 预测模式及参数的选用

5.1.3 预测结果分析与评价

5.2 水环境影响预测与评价

5.2.1 地面水的水文地质条件

5.2.2 预测模式与参数的选用

5.2.3 预测结果分析与评价

5.3 环境噪声的预测与评价

5.3.1 环境噪声源的分布

5.3.2 环境噪声的预测模式与参数

5.3.3 环境噪声的预测结果与评价

5.4 生态环境的影响预测与评价

5.4.1 建设期的生态环境影响分析

5.4.2 使用期的生态环境影响分析

5.5 固体废物的环境影响预测与评价

5.5.1 固体废物的产生量分析

5.5.2 固体废物的处理处置方法

5.5.3 固体废物的影响分析与评价

6 生态环境保护措施的可行性分析及建议

6.1 大气污染防治措施的可行性分析及建议

6.2 废水治理防治措施的可行性分析及建议

6.3 固体废物处理处置方法的可行性分析及建议

6.4 环境噪声和振动等其他污染控制措施的可行性分析及建议

6.5 绿化措施的评价及建议

6.6 环境监测制度建议

7 环境影响的社会、文化、经济效益分析

7.1 ××××××项目社会效益分析

7.2 ××××××项目文化效益分析

7.3 ××××××项目经济效益分析

7.4　××××××项目对文物古迹的影响分析与评价

8　公众参与

8.1　公众参与的目的

8.2　公众参与的调查对象和方法

8.3　公众参与的调查意见统计分析

8.4　公众参与的调查结论

9　××××××项目环境影响评价的结论与建议

9.1　××××××项目评价区的环境质量状况

9.2　××××××项目主要污染源及主要污染物

9.3　××××××项目评价区的环境影响

9.4　生态环境保护措施可行性分析的主要结论及建议

10　附件、附图及参考资料

注：××××××是具体的项目名称。

详细内容见附录A。

五、设计成果的编制

（1）通过本次环境影响评价的实际工作，掌握环境影响评价的内容、方法、工作程序及有关要求，重点在于最终掌握环境影响评价报告的撰写方法和编制要点。

（2）按已审定的环境影响评价大纲来实施具体评价任务。查阅有关资料，监测、收集具体数据，以及假定的各种因素、条件和有关数据。要求每组同学都必须单独完成，并撰写“××××××环境影响评价报告”。

（3）根据需要每组绘制图纸3～5张。

六、设计指导教师及分组情况

1．指导教师：×××。

2．分组情况：3～5人一组。

第二节　水污染型建设项目环境影响评价

一、设计时间及地点

1．时间：××××年××月××日至××××年××月××日（2周）

2．地点：校内

二、设计目的和要求

1．掌握水污染型建设项目的基本特点、工程分析的内容，以及水环境影响评价的内容、方法、程序及有关要求，重点在于最终掌握水环境影响评价报告的撰写方法和编制要点。

2．要求每位同学接到任务书后，各自撰写“××××××水环境影响评价大纲”；通过教师审核后，按照评价大纲的具体内容、方法要求认真、负责地完成实施（此内容由教师和同学们共同制定，各位同学可以有自己具体的评价大纲）。

3．按已审定的水环境影响评价大纲的相关内容实施具体评价任务。查阅有关资料，监测、收集具体数据，以及假定的各种因素、条件和有关数据。要求每组同学都必须单独完成，并撰写“××××××水环境影响评价报告”。

4．纪律要求：要按时完成调查资料，认真完成资料的收集与整理处理任务，遵守学校的纪律要求；按时、按要求完成环境影响评价报告的撰写。

三、设计题目和内容

1．题目：××××××水环境影响评价报告

2．内容：××××××水环境影响评价

四、水环境影响评价报告内容

1．评价等级与评价范围

1）评价等级与调查范围

（1）建设项目的污水排放量；

（2）污水水质的复杂程度；

（3）受纳水域规模及水质要求。

2）水质复杂程度

（1）复杂：污染物种类数大于 3；或者有 2 种污染物，预测水质参数大于 10。

（2）中等：污染物种类数为 2，预测水质参数小于 10；或者污染物种类数为 1，预测水质参数大于 7。

（3）简单：污染物种类数为 1，预测水质参数小于 7。

2. 水环境现状调查

1）水环境影响评价因子的筛选方法

水环境影响评价因子从所调查的水质参数中选取。水质参数有两类：一类是常规水质参数，另一类是特征水质参数。

（1）常规水质参数：从水质标准中所列的指标中选取，根据水域类别、评价等级及污染源状况适当增减。

（2）特征水质参数：能代表拟建项目未来排水的水质，根据拟建项目的特点、水域类别、评价等级，以及拟建项目所属行业的特征水质参数进行选择。

在某些情况下，人们还需要调查一些补充项目，例如，如果被调查水域的环境质量要求较高（如自然保护区、饮用水水源地、珍贵水生生物保护区、经济鱼类养殖区等），并且评价等级为一级、二级，则应考虑调查水生生物和底质。

2）监测布点原则（以河流为例）

在调查范围的两端应布设取样断面；在调查范围内重点保护水域、重点保护对象附近水域应布设取样断面；在水文特征突然变化处（如支流汇入处等）、水质急剧变化处（如污水排入处等）、重点水工构筑物（如取水口、桥梁涵洞等）附近、水文站附近应布设取样断面；在拟建排污口上游 500m 处应设置一个取样断面（参考断面）。

（1）当河流断面形状为矩形或接近矩形时，取样断面上取样点布设应遵循如下规则。

① 小型河流：在取样断面的主流线上设置一条取样垂线。

② 大型河流、中型河流：河流宽度小于 50m 的，在取样断面上距岸边 1/3 水面宽处，各设置 1 条取样垂线（取样垂线应设在有较明显水流处），共设置 2 条取样垂线；

河流宽度大于 50m 的，在取样断面的主流线上设置 1 条取样垂线，在距岸边不短于 0.5m 处各设置 1 条取样垂线，即共设置 3 条取样垂线。

（2）取样垂线上取样水深设置规则如下。

① 当水深大于 5m 时，在水面下 0.5m 深处、距河底 0.5m 处各设置 1 个取样点；

② 当水深为 1～5m 时，仅在水面下 0.5m 深处设置 1 个取样点；

③ 当水深不足 1m 时，取样点应设置在水面下不小于 0.3m 深处。

3）水环境现状的调查时段要求

① 河流、河口、湖泊、水库：丰水期、平水期、枯水期。

② 海湾：确定评价期间的大潮期和小潮期。

4）水环境现状评价：单项指数法

3. 水环境影响预测

（1）水环境影响预测水质参数筛选：指标排序法。

评价等级不同，对各类水域调查的要求也不同。一般来说，一级评价调查丰水期、平水期、枯水期 3 个水期，二级评价调查平水期和枯水期（若评价时间不够，可仅调查枯水期），三级评价仅调查枯水期。

（2）水环境影响预测时段。

所有建设项目均应预测生产运营阶段对地面水环境的影响，并按正常排放和不正常排放两种情况进行水环境影响预测。

当评价等级为一级、二级时，应分别预测建设项目在水体自净能力最小和一般两个时段的环境影响。

当评价等级为三级或二级但评价时间较短时，可以仅预测建设项目在水体自净能力最小时段的环境影响。

（3）水环境影响预测模型。

大多数的河流水质评价采用一维稳态模型（适用于非持久性有机污染物）。

对于大型、中型河流的废水排放，污染物横向浓度梯度变化明显，需要采用二维水质模型进行水环境影响预测评价。

S-P 模型适合需要考虑水体富营养化问题湖泊的水环境影响预测。

（4）点污染源调查：排放现状，排放数据，用水、排水情况，污水处理状况。

（5）非点源污染调查：与排放相关的概况，排放方式、去向、处理情况，排放数据。

4. 生态环境保护措施分析

（1）分析生态环境保护措施的技术可行性、经济可行性和预期效果。

常规废水处理方法包括活性污泥法、A/O、SBR、A/B 等。

（2）分析污染物达标排放情况。

（3）分析污染物排放总量控制情况。

① 核算污染物排放量；

② 改建、扩建项目，“三本账”问题污染物；

③ 总量控制指标包括 SO_2、烟尘、工业粉尘、COD、NH_4-N 和工业固体废弃物。

5. 应注意的问题

有些项目原料或产品属于易燃、易爆或易挥发的物质，一旦发生泄漏或失火爆炸对周围环境影响较大，对此类项目要考虑事故风险评价。

项目使用循环冷却水，如炼油厂、化工厂等，此时在计算项目污水排放量时应注意不包括间接冷却水、循环水及其他污染物含量较低的洁净下水的排放量，但应包括含热量大的冷却水的排放量。

五、编撰报告

（1）撰写水环境影响评价报告；

（2）绘制 3～5 张图纸。

第三节　大气污染型建设项目环境影响评价

一、设计时间及地点

1．时间：××××年××月××日至××××年××月××日（2 周）

2．地点：校内

二、设计目的和要求

1．掌握大气污染型建设项目的基本特点、工程分析内容，以及大气环境影响评价的内容、方法、程序、有关要求，重点在于最终掌握大气污染型建设项目环境影响评价报告的撰写方法和编制要点。

2．要求每位同学接到任务书后，各自编制“××××××大气环境影响评价大纲”，通过教师审核后，按评价大纲的具体内容、方法要求，认真、负责地完成实施（此内容由教师和同学们共同制定，各位同学可以有自己具体的评价大纲）。

3．按已审定的大气环境影响评价大纲的内容来实施具体评价任务。查阅有关资料，监测、收集具体数据，以及假定的各种因素、条件和有关数据。要求每组同学都必须单独完成，并撰写“××××××大气环境影响评价报告”。

4．纪律要求：按时完成资料调查，认真完成资料的收集和整理处理任务，遵守学校的纪律要求；按时、按要求完成大气环境影响评价报告的撰写。

三、设计题目和内容

1．题目：××××××大气环境影响评价报告

2．内容：××××××大气环境影响评价

四、大气环境影响评价报告内容

1. 主要大气污染物

主要大气污染物有二氧化硫、氮氧化物、烟尘，以及因燃料、炉灰堆放产生的二次扬尘。

2. 污染源强计算

污染源强计算方法包括类比法、物料衡算法、资料复用法。

对于火电厂项目，污染源强计算通常包括如下方面。

（1）大气。SO_2、烟尘的源强计算方法通常包括物料衡算法和实测法；氮氧化物的源强主要根据锅炉的设计指标，以及相关标准确定，还可以由实测法、类比法确定。

（2）水。排水量根据工艺确定，也可以采用水平衡法计算。

（3）噪声。噪声的源强通常采用类比法计算。

3. 清洁生产

清洁生产主要涉及热电联产问题。

4. 评价等级与评价范围

（1）评价因子筛选：火电厂项目大气环境影响的主要评价因子包括 SO_2、NO_2、颗粒物等。

（2）评价等级：经过对建设项目的初步工程分析，选择 1～3 种主要污染物，计算其等标排放量，即 $P_i = Q_i/C_{0i}$。

（3）评价范围。对于一级、二级、三级评价项目，大气环境影响评价范围的边长一般分别不应小于 16～20km、10～14km、4～6km，其中，平原取上限，复杂地形取下限。对于少数等标排放量较大的一级、二级评价项目，大气环境影响评价范围应适当扩大。复杂地形是指山区、丘陵、沿海、大中型城市的城区等。

考虑到界外区域对评价区域的影响，对地形、地理特征复杂且排放高度较高、排放量较大的点源的调查，还应扩大到界外区域。各方位界外区域的边长大致应为评价区域边长的 1/2。若界外区域包含生态环境保护敏感区，则应将评价区域扩大到界外区域。若评价区域包含荒山、沙漠等非生态环境保护敏感区，则应适当缩小评价区域。

5. 大气环境现状调查

1）污染因子筛选

首先，选择等标排放量较大的污染物作为主要污染因子；其次，考虑在评价区域内已造成严重污染的污染物。污染源调查中的污染因子一般不宜多于 5 个。

2）调查对象与内容

对于一级、二级评价项目，调查对象应包括拟建项目污染源（改建、扩建工程应包括新污染源、老污染源），以及评价区域内工业污染源和民用污染源；对于三级评价项目，调查对象应包括拟建项目的工业污染源。

3）大气环境现状监测方案

（1）大气环境现状监测布点原则：以环境功能区为主，兼顾均匀性。对于一级评价项目，监测点应不少于 10 个。对于二级评价项目，监测点应不少于 6 个。对于三级评价项目，如果评价区域内已有例行监测点，则可以不再布点；否则，可以布设 1～3 个监测点。

（2）大气环境现状监测制度要求：一级评价项目不得少于两期（夏季、冬季）；二级评价项目可在不利季节监测一期，有必要时应监测两期；三级评价项目有必要时应监测一期。

（3）每期监测时间：一级评价项目，至少应监测有季节代表性的 7 天，每天监测不少于 6 次；二级、三级评价项目，全期至少应监测 5 天，每天至少监测 4 次。

6. 大气环境影响预测与评价

1）选择与应用预测模式

正确推断在各种条件下污染物的浓度分布及其随时间的变化，是大气环境影响预测要解决的核心问题。

目前，业界主要的大气扩散模式有如下几种。

（1）有风点源扩散模式：10m 高度处的平均风速 U_{10}≥1.5m。

（2）小风点源扩散模式：10m 高度处的平均风速 U_{10} 为 0.5～1.5m/s；静风时 U_{10}<0.5m/s。

（3）长期平均扩散模式：可以实现点源长期平均浓度预测。

（4）熏烟扩散模式：主要预测早晨 8～10 时，贴地逆温自下至上消失逐渐形成混合层时，原来积聚在这一层的污染物扩散所造成的高浓度污染。

（5）多源排放模式：适用于预测多个污染源对评价区域的大气污染。

（6）面源排放模式：面源或无组织排放源的地面附近污染物浓度预测。

（7）体源排放模式：当无组织排放源为体源时的污染物浓度预测。

（8）非正常排放模式：在事故或非正常情况下的污染物浓度预测。

（9）尘（颗粒物）模式：有风时能发生重力沉降的污染物浓度预测。

2）预测时段

（1）工况选择：正常工况、非正常工况、事故排放。

（2）影响时段：建设期、运营期。

3）预测内容

预测内容包括：小时平均和日平均的最大地面污染物浓度和位置；在不利气象条件下，评价区域内的污染物浓度分布及其出现频率；评价区域季（期）平均和年平均的污染物浓度分布。

一级评价除上述预测内容外，还应包括可能发生的在非正常排放条件下的前述预测内容，以及施工期间的大气环境质量相关预测内容。

4）生态影响

火电项目冷却水系统可能引起环境的热效应。化石燃料电站和核电站的热效率分别为40%和30%，60%～70%的余热随冷却水排入水体，导致在排放口附近一定范围内温度升高，耐温动植物生长旺盛、不耐温动植物生长受到抑制，从而使种群结构发生改变。

7. 生态环境保护措施分析

火电项目的生态环境保护治理措施主要包括以下几个方面。

（1）二氧化硫、氮氧化物、烟尘（烟、粉尘）的控制方法：火电厂的除尘方式有电除尘和布袋除尘；脱硫方法包括湿法石灰石–石膏法、半干法及其他方法；氮氧化物去除方法包括低氮燃烧及脱氮。

（2）二次扬尘：二次扬尘通常无组织排放，常采用喷淋、除尘、储煤、储灰（灰场）等方法。

（3）污水采用分散、集中处理相结合的方式：油主要来源于生活污水，煤场酸碱废水可采用絮凝中和或其他方式进行处理；脱硫废水处理过程复杂，需要专门处理。

8. 需要注意的问题

（1）在污染源分析中，“以新代老”“三本账”一定要分析清楚。

技改扩建完成后的排放量 = 技改扩建前的排放量 + 技改扩建项目的排放量 − “以新代老”的削减量

（2）环境空气质量功能区的分类。

一类功能区为自然保护区、风景名胜区和其他需要特殊保护的地区。

二类功能区为城镇居住区、商业交通居民混合区、文化区、一般工业区和农村地区。

三类功能区为特定工业区。

（3）环境空气质量标准分级。

环境空气质量标准分为三级：一类功能区执行一级标准；二类功能区执行二级标准；三类功能区执行三级标准。

（4）常规大气污染因子的浓度限值。

1 小时平均浓度二级标准限值：二氧化硫为 $0.5mg/m^3$，二氧化氮为 $0.12mg/m^3$。

日平均浓度二级标准限值：TSP 为 $0.3mg/m^3$，可吸入颗粒物为 $0.15mg/m^3$。

（5）《大气污染物综合排放标准》（GB 16297—1996）。

大气污染物排放速率标准分级：对于大气污染物最高允许排放速率，现有污染源分为一级、二级、三级，新污染源分为二级、三级。

污染源所在的环境空气质量功能区类别，执行相应类别的大气污染物排放速率标准：位于一类功能区的污染源执行一级标准（一类功能区禁止新建、扩建污染型项目，一类功能区现有污染型改建项目执行现有污染源的一级标准）；位于二类功能区的污染源执行二级标准；位于三类功能区的污染源执行三级标准。

排气筒高度除须遵守相关标准规定的排放速率标准外，还应高出周围 200m 半径范围内最高的建筑 5m 以上。不能达到该要求的排气筒，应按其高度对应的相关标准规定的排放速率标准严格 50%执行。

新污染源的排气筒高度一般不应低于 15m。若新污染源的排气筒高度必须低于 15m，则其排放速率标准按外推法计算结果再严格 50%执行。

五、编撰报告

1．编撰大气环境影响评价报告；

2．绘制 3～5 张图纸。

第四节 噪声污染型建设项目环境影响评价

一、设计时间及地点

1．时间：××××年××月××日至××××年××月××日（2周）

2．地点：校内

二、设计目的和要求

1．掌握噪声污染型建设项目的基本特点、工程分析内容，以及声环境影响评价的内容、方法、程序、有关要求；重点在于最终掌握噪声污染型建设项目环境影响评价报告的撰写方法和编制要点。

2．要求每位同学接到任务书后，各自编制“××××××声环境影响评价大纲”，通过教师审核后，按评价大纲的具体内容、方法要求，认真、负责地完成实施（此内容由教师和同学们共同制定，各位同学可以有自己具体的评价大纲）。

3．按已审定的声环境影响评价大纲的内容实施具体评价任务。查阅有关资料，监测、收集具体数据，以及假定的各种因素、条件和有关数据。要求每组同学的评价大纲都必须单独地完成，并撰写“××××××声环境影响评价报告”。

4．纪律要求：按时完成资料调查，认真完成资料的收集与整理处理任务，遵守学校的纪律要求；按时、按要求完成声环境影响评价报告的编写。

三、设计题目和内容

1．题目：××××××声环境影响评价报告

2．内容：××××××声环境影响评价

四、声环境影响评价报告内容

1. 项目类型

项目类型包括城市道路、地铁、铁路、机场等。

2. 评价等级与评价范围

1）评价等级

一级评价：0 类标准及以上需要特别安静的地区（或噪声增加 3～5dBA）。

二级评价：1 类、2 类标准地区。

三级评价：3 类标准及以上地区。

2）评价范围

铁路、城市轨道交通、公路等项目两侧 200m 评价范围一般可以满足一级评价要求，二级、三级评价范围可以根据实际情况适当缩小。若建设项目周边较空旷而较远处有环境敏感目标，可以适当将评价范围延长至环境敏感目标处。

3. 环境噪声现状调查与评价

1）环境噪声现状调查的内容

环境噪声现状调查的内容包括：现有噪声源种类、数量及相应的噪声级；现有噪声环境敏感目标、噪声功能区划分情况；各噪声功能区的环境噪声现状、噪声超标情况、边界噪声超标情况及受噪声影响的人口分布。

2）调查方法

调查方法包括收集资料法、现场调查测量法，以及这两种方法的结合。

3）噪声测量点布设原则

噪声测量点布设一般要覆盖整个评价范围，重点是噪声环境敏感区。

对于点噪声源，测量点应布置在点噪声源周围，在靠近点噪声源处增大测量点布设密度。

对于线噪声源，确定若干噪声测量断面，在各个测量断面上与线噪声源不同距离处（如 15m、30m、60m、120m、240m）布置测量点。

若要绘制噪声现状等级图，则应采用网络法布设测量点。

4）噪声测量点的选择方法

噪声测量点应选择在法定厂界外 1m、高度 1.2m 以上的噪声环境敏感区。若厂界处有围墙，则测量点高度应高于围墙；若厂界与居民住宅区相连，并且厂界处噪声无法测量，则测量点应布设在居民住宅区中央，并且室内限值比相应标准低 10dB。

5）环境噪声现状评价的主要内容

环境噪声现状评价的主要内容包括：各功能区噪声级、超标状况及主要噪声源；边界噪声级、超标状况及主要噪声源；受噪声影响的人口分布。

4. 声环境影响预测评价

1）声环境影响评价的基本内容

声环境影响评价的基本内容包括：建设项目施工阶段、运营阶段噪声的影响程度、影响范围和超标状况；受噪声影响的人口分布；建设项目的噪声源和引起超标的主要噪声源或主要原因；建设项目的选址、设备布置和设备选型的合理性；建设项目设计中已有的噪声防治对策的适用性及防治效果。

2）声环境影响预测模式选择

点噪声源：点噪声源的噪声衰减模式预测，适用于一般工矿企业、机械施工噪声。

线噪声源：线噪声源的噪声衰减模式预测，适用于公路、铁路和城市地铁。

5. 噪声防治措施

噪声防治措施包括：

（1）从噪声源方面降低噪声；

（2）从噪声传播途径方面降低噪声；

（3）噪声接受体保护。

6. 相关法律法规与政策

1）城市环境噪声标准与适用区域

根据《声环境质量标准》（GB 3096—2008）和《城市区域环境噪声测量方法》（GB/T 14623），城市环境噪声标准与适用区域规定如下。

0 类：昼间 50dB（A）、夜间 40dB（A）；适用于疗养区、高级别墅区、高级宾馆区等特别需要安静的区域，位于城郊和乡村的这类区域分别按照 0 类标准降低 5dB 执行。

1 类：昼间 55dB（A）、夜间 45dB（A）；适用于以居住、文教机关为主的区域，乡村居住环境可参照执行 1 类标准。

2 类：昼间 60dB（A）、夜间 50dB（A）；适用于居住、商业、工业混杂区。

3 类：昼间 65dB（A）、夜间 55dB（A）；适用于工业区。

4 类：昼间 70dB（A）、夜间 55dB（A）；适用于城市中的交通道路干线两侧区域、穿越城区的内河航道两侧区域，穿越城区的铁路主、次干线两侧区域的背景噪声（不通过列车时的噪声水平）标准值也参照执行 4 类标准。

2）夜间突发噪声的限值

最大值不超过标准值 15dB。

3）工业企业厂界噪声的标准值与适用区域

根据《工业企业厂界环境噪声排放标准》（GB 12348—2008），工业企业厂界噪声的标准值与适用区域如下。

0 类：昼间 50dB（A）、夜间 40dB（A）；适用于居住、文教机关区。

Ⅰ类：昼间 55dB（A）、夜间 45dB（A）；适用于居住、文教机关区。

Ⅱ类：昼间 60dB（A）、夜间 50dB（A）；适用于居住、商业、工业混杂区及商业中心区。

Ⅲ类：昼间 65dB（A）、夜间 55dB（A）；适用于工业区。

Ⅳ类：昼间 70dB（A）、夜间 55dB（A）；适用于交通道路干线两侧区域。

4）建筑施工场界噪声限值

根据《建筑施工场界环境噪声排放标准》（GB 12523—2011），建筑施工场界噪声限值为昼间噪声 70dB（A）、夜间噪声 55dB（A）。

五、编撰报告

1. 编撰声环境影响评价报告；
2. 绘制 3～5 张图纸。

第五章　典型项目环境影响评价技术要点

第一节　典型轻工、化纤项目评价要点——造纸项目

一、相关法律法规、产业政策、环评技术导则及行业污染控制标准

1.《关于加快造纸工业原料林基地建设的若干意见》(计办〔2001〕141号)

2.《造纸工业污染防治技术政策》

3.《纺织染整工业水污染物排放标准》(GB 4287—2012)

4.《制浆造纸工业水污染物排放标准》(GB 3544—2008)

二、工程分析要点

工程分析的重点是污染因素分析、清洁生产分析、生态环境保护措施分析，在必要时应对厂址选择、总图布置提出意见或建议。

1. 工程简介

工程简介的内容包括工程名称、建设性质、建设地点、建设规模、项目组成（包括主体工程、辅助工程、公用工程、生态环境保护工程等）、产品方案、建设投资等，若涉及原料林基地建设还应对相关情况进行介绍。

2. 生产装置、工艺路线

详细说明原料来源、生产工艺方法、操作控制条件、物料平衡、水平衡。根据采用工艺的不同，用带污染物排放点的污染源流程图及相应的表，说明产污过程、排放点位置，以及污染物成分、数量、浓度、去向。对使用的辅料（如使用的化学品等）进行说明，明确其物理、化学性质，同时考虑非主体工程的污染源。

3. 污染源及生态环境保护措施分析

4. 总图布置分析

5. 清洁生产分析

从原料、生产工艺、设备选型、环境管理、产品指标等方面进行清洁生产分析。

三、主要环境影响及防治措施

1. 主要污染因子

1）施工期

污染因子与一般建设项目相同，大型项目，特别是建设原料林基地的项目应考虑对区域生态环境的影响。

2）运营期

（1）废水污染因子：包括装置生产废水（蒸煮黑液、筛选废水、漂白废水、纸机废水、冷凝污水等）、事故排水量（非正常工况排水量）、前期雨水，一般污染因子包括COD、BOD_5、SS、pH值、特征因子[如可吸附有机卤化物（AO_x）等]。

（2）废气污染因子：包括配套电站锅炉、碱回收石灰窑、漂白塔尾气等，考虑有组织排放、无组织排放、非正常工况和事故排放量，一般污染因子包括SO_2、NO_x、烟尘、粉尘、特征污染物（如TRS、恶臭等）。

（3）固体废物污染因子：根据工程分析，按一般工业固体废物、危险固体废物、生活垃圾分别考虑。

（4）生产设备运行噪声。

2. 主要污染防治措施

（1）废气治理和控制主要措施：一般锅炉烟气安装脱硫除尘措施；石灰窑、漂白塔尾气根据不同情况进行相关治理；恶臭则采用控制原辅材料和工艺的方法进行防治。

（2）造纸行业生产废水处理难度大，首先，采取清洁生产工艺，对废水分类治理后进行综合利用；然后，采用二级生化处理，其中预处理工艺包括隔油、浮选、破乳。后续处理工艺根据具体情况确定，一般包括好氧、厌氧及化学凝聚等处理工序。

（3）造纸过程产生的废渣要分类贮存和处置，其中，废碱、污水处理后的污泥等属于危险废物，必须建设符合生态环境保护要求的安全处置设施，或者交给有资质的单位进行安全处置。

四、环境影响评价报告章节设置

1．自然环境与社会环境现状调查

2．环境影响评价区污染源现状调查与评价

3．环境质量现状调查与评价

4．工程分析

5．环境影响预测与评价

6．生态环境保护措施及其经济技术论证

7．污染物排放总量控制分析

8．环境管理与环境监测制度建议

9．环境影响经济损益分析

10．环境风险分析

11．公众参与

12．评价结论与建议

五、应注意的问题

（1）注意具体项目与产业政策符合性及相关规划的兼容性，特别关注环境制约因素，如项目原料林资源、水资源供给的可靠性，同时要注意废水排放对地表水、地下水的影响。

（2）注意项目选址、布局与当地城市规划的符合性，对于改建、扩建项目要进行造纸行业原料结构调整与产品结构优化升级分析，做到“增产不增污”，必要的时候应提出区域污染削减方案。

（3）对于不同制浆工艺产生的特征污染物（如 AO_x、恶臭），应采用清洁生产工艺从源头控制。

（4）污染治理措施需要多方案论证，注重废水治理措施达标排放技术可行性和经济合理性，同时要进行废水排污口位置选择及排污方式论证。

（5）对于废水处理设施厌氧处理系统产生的恶臭无组织排放，应采取有效的减缓措施，并给出合理的卫生防护距离。

（6）涉及造纸林基地建设的项目，其环境影响评价章节应有针对性地提出环境影响的具体防治对策，以及减缓、恢复、补偿措施。

第二节　典型化工、石化、医药项目评价要点——石化项目

一、相关法律法规、产业政策、环评技术导则及行业污染控制标准

1.《电石行业规范条件》（工业和信息化部公告 2023 年第 23 号）

2.《国家发展改革委关于进一步巩固电石、铁合金、焦炭行业清理整顿成果规范其健康发展的有关意见的通知》（发改产业〔2004〕2930 号）

3.《国家发展改革委关于炼油、乙烯工业有序健康发展的紧急通知》（发改工业〔2005〕2617 号）

二、工程分析要点

工程分析的重点是污染因素分析、清洁生产分析、生态环境保护措施分析，在必要时应对厂址选择、总图布置提出意见。

1. 工程简介

工程简介的内容包括工程名称、建设性质、建设地点、建设规模、项目组成（包括主体工程、辅助工程、公用工程、生态环境保护工程等）、产品方案、建设投资等，还应有区域位置图和总平面布置图。

2. 生产装置、工艺路线

详细说明原料组成及性质、生产工艺方法、操作控制条件、物料平衡、水平衡、特征元素平衡，用带污染物排放点的污染源流程图及相对应的表，说明每套生产装置的产污过程、排放点位置，以及污染物成分、数量、浓度、去向。罐区有各种原料、成品、半成品的储罐，还有原料、产品的运输装卸站台、码头、罐车、船等，各种水处理装置会产生软化水等。另外，要考虑非主体工程的污染源。

3. 污染源及生态环境保护措施分析

4. 总图布置分析

5. 清洁生产分析

从原料、生产工艺、设备选型、环境管理、产品指标等方面进行清洁生产分析。

三、主要环境影响及防治措施

1. 主要污染因子

1）施工期

和一般建设项目一样，大型石化项目要考虑对区域生态环境的影响。

2）运营期

（1）废水污染因子：包括装置生产废水、洁净废水、事故排水量（非正常工况排水量）、前期雨水，一般污染因子包括石油类、COD、BOD_5、pH 值、悬浮物、特征因子（苯系物、硫化物、氰化物、挥发酚等）。

（2）废气污染因子：包括有组织排放、无组织排放、非正常工况和事故排放量，一般污染因子包括 SO_2、NO_x、烟尘、粉尘、烃类、特征污染物[如苯系物、烃类、CO、氨、氟、氯、硫醇、硫醚（恶臭）]。

（3）固体废物污染因子：根据工程分析，按一般工业固体废物、危险固体废物、生活垃圾分别考虑。

（4）生产设备运行噪声。

2. 主要污染防治措施

（1）化工行业生产废水的成分一般较复杂，处理难度大，需要专门的治理设施，通常采用二级污水处理工艺进行处理。其中，预处理工艺包括隔油、浮选、破乳；后续处理工艺根据具体情况确定，一般有 A/O 缺氧（厌氧）- 好氧生化、SBR 工艺等。若考虑废水综合利用，则需要进一步进行生化、砂滤处理。

（2）废气治理和控制主要措施：工艺有机废气送加热炉燃烧，热能回收利用；具有回收价值的废气进行专门处理，如采用克劳斯法回收硫黄；其余废气经高空或火炬燃烧排放。

（3）化工石化行业废渣一般属于危险废物，除了根据性质综合利用，还必须建设符合生态环境保护要求的安全处置设施，或者交给有资质的单位进行安全处置。

四、环境影响评价报告章节设置

1．自然环境与社会环境现状调查

2．环境影响评价区污染源现状调查与评价

3．环境质量现状调查与评价（包括大气、地表水、海域、地下水、噪声、生态环境、人群健康及地方病、社会影响等）

4．工程分析

5．环境影响预测与评价（包括大气、地表水、海域、地下水、噪声、固体废物、生态环境、社会影响等）

6．生态环境保护措施及其经济技术论证

7．污染物排放总量控制分析

8．环境管理与环境监测制度建议

9．环境影响经济损益分析

10．环境风险分析

11．公众参与

12．评价结论与建议

五、应注意的问题

（1）注意具体项目与国家产业政策、所在地的总体发展规划的符合性，厂址的选择应符合城市规划布局和功能区划的要求，同时注意工艺路线是否满足清洁生产的要求。

（2）关注原料、辅料、半成品、成品的性质，明确其毒性，结合生产装置操作参数，严格遵守有关危险化学品管理的规定，注意其环境风险。

（3）工程分析要清晰，物料平衡、给排水平衡、污水水质水量平衡合理，如有特征污染物，应另行绘制平衡图、平衡表。

（4）关注无组织排放，特别是恶臭气体的排放，主要关注的排放源为罐区、装罐车（船）、站台（码头）。

（5）关注化工项目废水的处理与达标排放。

（6）关注噪声污染，特别是在非正常工况下的大量放空，大修期间的放空吹扫更易激化厂群矛盾，应按有关规定采取消声、降噪处理，尽量避免夜间、长时间放空吹扫作业。

（7）关注固体废物综合利用中的污染物转移，应保证接收方有防治污染的技术和措施，最好在企业内进行无害化处理。

（8）关注节水及一水多用措施。

（9）注意原料输运、使用、贮存全过程的事故环境风险，提出切实、有效的预案及应急措施。

（10）公众参与工作要充分、有效。

第三节　典型冶金、机电项目评价要点——钢铁项目

一、相关法律法规、产业政策、环评技术导则及行业污染控制标准

1.《电石行业规范条件》（工业和信息化部公告 2023 年第 23 号）

2.《关于加强工业节水工作的意见》（国经贸资源〔2004〕1015 号）

3.《铁合金行业准入条件》（发改委公告 2008 年第 13 号）

4.《国家发展改革委关于进一步巩固电石、铁合金、焦炭行业清理整顿成果规范其健康发展的有关意见的通知》（发改产业〔2004〕2930 号）

5.《关于加强钨锡锑行业管理的意见》（国办发〔2005〕38 号）

6.《国务院办公厅转发发展改革委等部门关于制止铜冶炼行业盲目投资若干意见的通知》（国办发〔2005〕54 号）

7.《钢铁产业发展政策》

8.《国家发展改革委关于加强铁合金生产企业行业准入管理工作的通知》（发改产业〔2005〕1214 号）

9.《国家发展改革委关于加强焦化生产企业行业准入管理工作的通知》（发改产业〔2005〕1142 号）

10.《炼焦化学工业污染物排放标准》（GB 16171—2012）

11.《钢铁工业水污染物排放标准》（GB 13456—2012）

二、工程分析要点

1. 工程概述

工程概述包括工程项目名称、项目组成、建设规模、产品方案、建设地点的介绍。项目组成应包括生产设施、辅助生产设施、储运工程、公用工程、生态环境保护工程等

主要工程内容。改建、扩建项目还应说明与原有工程的依托关系。

2. 工艺流程、排污节点和污染物

（1）工艺流程要全面，对主体生产设施应按工艺流程进行完整、清晰、无遗漏的介绍，并附带污染物排放节点的工艺流程图。

（2）污染物来源及流向要清晰，对使用的各类原料、主要辅料、燃料中所含的有毒、有害物质的品种、数量要予以核定，在必要时应对某些特定物质进行物料衡算，如硫平衡、氟平衡、煤气平衡等。

（3）工程给水方案、排水方案及排水口设施等介绍应齐全，给水排水平衡应绘制包括废水回用的给排水平衡图和表。

（4）工程设计拟采用的各类污染物的防治措施、设施，应按工艺流程、工序、主要设备列详细名录，表述其功能特性，包括防治措施名称、主要内容、防治效果及分项投资估算。

（5）根据工艺流程、排污节点详细列出各类污染物的名录，计算其浓度和数量，表明其流向。

（6）改建、扩建工程应增加与原有工程依托关系的内容。

三、主要环境影响及防治措施

1. 主要污染因子

要全面考虑工艺过程中的污染源，如烧结、焦化、炼铁、炼钢、轧钢等，分类叙述污染因子。

（1）大气污染物包括：各工业炉窑烟气（含有烟尘、SO_2、NO_x、粉尘），煤场、煤料储运、加工（破碎）及焦炭储运、加工（整粒）等逸散的工业粉尘，碱洗过程产生的碱雾，煤气净化过程中各生产装置与储槽（罐）逸散的气体（主要有苯系物、H_2S、NH_3），等等。

（2）废水包括洗涤废水、冲渣废水、酚氰废水（含酚、CN-、S、COD、NH_4-N、焦油、BaP 等）、热轧废水（冷却废水、高压除鳞废水、轧材冷却水）、含油废水、含酸碱废水、铬酸钝化过程中产生的含铬废水等。

（3）废渣包括高炉渣、钢渣、煤气净化过程中产生的废渣（焦油渣、沥青渣、洗油再生渣、脱硫废液)、废铬酸液、废水处理产生废油、污泥等。

（4）生产装置噪声。

2. 主要污染防治措施

（1）对于废气，首先应从原料进行控制，选用含硫量低的铁矿石、熔剂和燃料，污染物治理则根据需要采取除尘、集中湿式洗涤净化等措施，可燃尾气通过自动点燃排空设施进行处理。

（2）对于废水，首先考虑除油、沉淀、冷却处理后综合利用，再根据需要采取中和、二级处理后排放。

（3）设备运行噪声要考虑设备选型、厂区平面布局、减震、隔声等措施。

（4）工业废物分类处置，必须考虑综合利用，含铬污泥可运送到有安全处理危险废物资质的单位统一处理，若需要临时堆存，则需要建设防渗防雨的专用渣场。

四、环境影响评价报告章节设置

1. 工程概况与工程分析

2. 自然环境与社会环境现状调查

3. 评价区污染源现状调查与评价

4. 环境质量现状调查与评价（包括大气、地表水、地下水、噪声、生态环境、人群健康及地方病、社会影响等）

5. 环境影响预测与评价（包括大气、地表水、地下水、噪声、固体废物、生态环境、社会影响等）

6. 生态环境保护措施及其经济技术论证

7. 污染物排放总量控制分析

8. 环境管理与环境监测制度建议

9. 环境影响经济损益分析

10. 环境风险分析

11. 公众参与

12. 评价结论与建议

五、应注意的问题

（1）注意产业政策、区域规划、当地生态环境保护要求的符合性，关注行业清洁生产分析。

（2）特别关注水资源利用及节水问题，大型项目还要考虑对地区生态环境的影响。

（3）注意特征污染物对环境的影响，如氟、砷等有害物质对农业的影响，明确卫生防护距离，在必要时提出优化厂区平面布局的建议。

（4）在进行生态环境保护措施分析时，应做好先进性、可靠性、合理性分析，并采用实际运行的例子加以分析说明，同时应给出清晰的污染防治措施、排放浓度、排放速度一览表。

（5）应按环境风险评价导则要求进行环境风险评价，弄清楚风险源，提出风险防范措施和应急预案。

第四节　典型建材、火电项目评价要点——火电项目

一、相关法律法规、产业政策、环评技术导则及行业污染控制标准

1.《国务院关于促进煤炭工业健康发展的若干意见》（国发〔2005〕18 号）

2.《国务院关于酸雨控制区和二氧化硫污染控制区有关问题的批复》（国函〔1998〕5 号）

3.《关于发展热电联产的规定》（计基础〔2000〕1268 号）

4.《酸雨控制区和二氧化硫污染控制区划分方案》（国函〔1998〕5 号）

5.《关于加强燃煤电厂二氧化硫污染防治工作的通知》（环发〔2003〕159 号）

6.《关于防止水泥行业盲目投资加快结构调整的若干意见》（国办发〔2003〕103 号）

7.《关于燃煤电站项目规划和建设有关要求的通知》（发改能源〔2004〕864 号）

8.《国务院办公厅关于电站项目清理及近期建设安排有关工作的通知》（国办发〔2005〕8 号）

9.《燃煤二氧化硫排放污染防治技术政策》（环发〔2005〕26 号）

10.《火电厂建设项目环境影响报告书编制规范》（HJ/T 13—1996）

11.《火电厂大气污染物排放标准》（GB 13233—2011）

12.《一般工业固体废物贮存、处置场污染控制标准》（GB 18599—2011）

二、工程分析要点

1. 电厂建设计划

电厂地址选择的理由、现有电厂概况、本期工程基本情况[电厂地址所在行政区、电厂所在地理位置概要、灰场概况、占地概要、设备概况（锅炉容量及台数、蒸汽轮机功率及台数、发电机功率及台数)，明确主体工程、公用与辅助工程、生态环境保护工

程]、燃料、水源、工程环境保护概况。

2. 施工计划

建设期内容及进度、施工方法及建设规模等。

3. 其他与电相关的开发计划

如集中供热计划、灰渣综合利用计划、地区其他相关计划等。

4. 清洁生产分析

发电标煤耗［单位：t/(kWh)］、污染物排放指标［单位：t/(kWh)］、用水量与排水量［单位：t/(kWh)］、废水重复利用率、循环水率、固体废物综合利用率、热效率、热电比等。

三、主要环境影响及防治措施

1. 主要污染因子

燃煤烟气、废水[温排水、一般废水排放（包括酸碱废水、含油废水、输煤系统冲洗水、锅炉酸洗废水、冷却塔排污水）、生活污水、厂区雨水、灰水]、固体废弃物、噪声、灰场生态环境影响等。

2. 污染防治措施

1）运营期污染防治措施

针对环境空气污染、温排水污染、一般取排水污染、灰水污染、噪声污染、固体废物及储煤场制定相应的防治对策，同时要考虑陆生生物、水生生物、自然景观及其他需要保护对象的保护对策。

通常采用燃用低硫煤、安装脱硫装置、采用低氮燃烧技术或烟气脱氮装置、高烟囱排放、烟气连续监测系统等措施控制大气污染。

废水分类治理：含油废水经油水分离装置处理后回用于煤场喷淋；生活污水处理后达标排放；脱硫废水、酸洗废水等处理后回用或排放；若有煤码头，则输煤系统或煤码头冲洗废水需要沉淀并经煤泥处理设备处理。

灰场要有运营期和封场后的防护措施：运营期，防渗、灰场底部设置盲沟排雨水，经常洒水碾压；灰场部分达到标高或封场后，应覆土植草、植树；粉煤灰和石膏应综合利用。

2）建设期污染防治措施

根据建设期工程特点，分析生产线占地、灰场占地影响（农业生态环境、植被）、施工扬尘、施工废水、施工噪声、工程弃土和生活垃圾等对环境的影响、水土流失等，制定相应的污染防治措施。

四、环境影响评价报告章节设置

1．编制依据

2．电厂概况及工程分析

3．受拟建项目影响的地区环境状况

4．环境影响预测及评价

5．污染防治对策

6．电厂专用煤码头环境影响评价

7．电厂生态环境保护投资估算与效益简要分析

8．环境管理与监测计划

9．公众参与移民安置

10．结论与建议

11．附件

五、应注意的问题

（1）具体项目与相关法律法规、地区规划、产业政策的符合性。

（2）工程分析必须清楚，用编制规范中规定的图表形式进行工程分析，说明生产装置的产污过程、排放点位置，以及污染物的成分、数量、浓度、去向；同时，对辅助工程中对生态环境有较大影响的工序进行说明。

（3）燃料成分及燃烧工艺、设备，关注燃料的含硫量，在报告中对燃烧工艺和设备进行比选。

（4）关注水资源利用及工业节水问题是否符合用水政策，如不准用地下水、中水利用平衡等。

（5）评价的重点是工程对环境空气的影响；关注废气排放对生态环境的影响，尤其

是对敏感点、敏感区的影响，论证达标可靠性。

（6）注意温排水对生态环境的影响。

（7）电厂冷却塔的噪声污染应高度关注水冷、风冷声源的不同特点分析和预测。

（8）灰场对地下水的污染分析（不同类型灰场），并按规范制定监测计划。

（9）关注环境风险，注意控制在脱氮过程中氨（尿素）泄漏对大气环境的污染。

（10）加强对煤场和灰场的喷水管理，防止造成大气污染。

（11）若是新扩建、改建项目，应列专章对现有污染源进行评价，做好“以新带老”“三本账”统计工作。

（12）选址论证：电厂是否处于“两控区”，是否影响重要的生态环境保护目标，是否属于合理占地；另外，电厂不得占用基本农田、不得超规模占地。

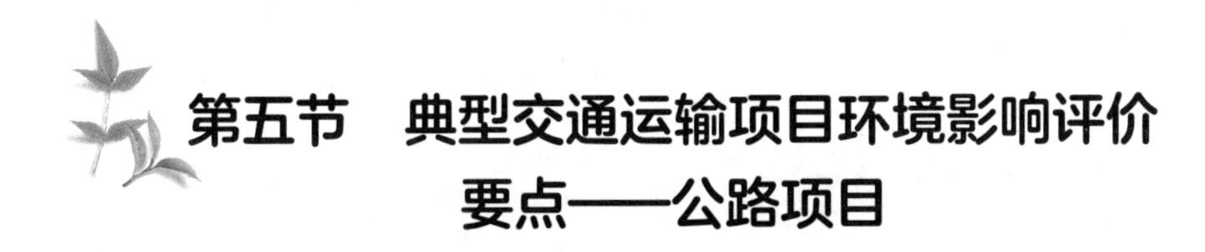

第五节　典型交通运输项目环境影响评价要点——公路项目

一、相关法律法规、产业政策、环评技术导则及行业污染控制标准

1.《交通建设项目环境保护管理条例》（国务院令〔2017〕682 号）

2.《全国生态环境保护纲要》（国发〔2000〕38 号）

3.《公路建设项目环境影响评价规范》（JTGB 03—2006）

4.《关于加强资源开发生态环境保护监管工作的意见》（环发〔2004〕24 号）

二、工程分析要点

1. 建设项目基本情况的全面介绍

地理位置、路线方案起止点名称及主要控制点、建设规模、技术标准、预测交通量、工程内容（技术指标与技术工程数量、筑路材料与消耗量、路基工程、路面工程、桥梁涵洞、交叉工程、措线设施）、建设进度计划、占地面积、总投资额。

2. 重点工程的详细描述

重点工程名称、规模、分布，永久占地和临时占地类型及数量，临时占地应包括取土场、弃土场、综合施工场地（可能包括拌和场、料场）、桥梁施工场、施工便道等，以及占用基本农田的数量。

3. 施工场地、料场占地和分布，取土量、弃土量，取土场、弃土场的设置，施工方式

4. 服务区设置情况（规模）

5. 拆迁安置及环境敏感点分布，包括砍伐树林种类和数量

6. 工程项目全过程的活动

主要考虑施工期、运营期，一定要给出各环境要素的污染源强。

7. 根据以上要求对路线比较方案进行描述

重点考虑工程路线是否涉及敏感区，以及少占用耕地的方案比选。

三、主要环境影响及防治措施

1. 生态环境

做好生态环境现状调查与评价，明确公路沿线生态功能区划与规划，详细调查生态敏感区和脆弱区，以及法规确定的特殊保护区。对交通运输项目建设沿线受保护动植物的影响，对地表植被的破坏和深挖高填引起的水土流失；对运营期的阻隔影响、干扰影响；施工期和运营期污水排放对沿线水环境的影响。

施工期：生态环境影响问题、弃渣问题、环境监理问题、污染控制问题，施工人员生活污水、施工场地生产废水的影响分析及措施、隧道施工的影响（地下水及山顶生态）。

运营期：服务区生活污水的排放；对生态环境保护敏感目标的影响，如占用基本农田、湿地、天然森林和自然保护区等，造成不可逆或不可恢复的损害。应提出相关防治和保护措施，必要时改变选线，改进工程设计或施工计划。

2. 社会环境

项目占地的农业影响；居民生活质量影响，如噪声；房屋拆迁安置；与其他规划产生的相互干扰；沿线的资源开发与利用及产生的相应环境问题；项目建设对沿线自然景观和人文景观的影响、社会阻隔。应提出相关防治和保护措施及改进建议。

3. 环境空气质量

施工期：主要分析物料贮存和运输道路、拌和场等产生的粉尘、沥青烟的影响，提出合理选址和管理方案。

运营期：针对敏感点的 NO_x 影响，提出减缓影响措施。

4. 环境噪声

分析施工机械设备噪声对声环境敏感区的影响，对沿线筛选的敏感点或敏感区提出污染防治措施。在运营期，针对声环境敏感点，逐点评价环境影响及提出噪声防治措施。

5. 环境风险分析（包括污染风险和生态风险）

按风险源分析、风险预测、风险后果、风险防范、应急措施进行风险分析，提出如何调整和完善交通运输建设项目设计和线位方案，将不利的环境影响降到最低限度，并在实施计划和设计中提出消除、减缓环境污染或改善环境质量的要求。

四、环境影响报告章节设置

1. 总论
2. 工程概况
3. 环境概况
4. 现状评价
5. 预测及评价
6. 防护措施与对策建议
7. 公众参与
8. 经济损益分析
9. 评价结论

五、应注意的问题

（1）项目选址选线和建设方案的环境合理性和可行性。

（2）工作等级要重点考虑生态、声和水专题等级是否正确（按照导则规范要求），根据工作等级确定专题工作内容和评价深度；若有其他重要专题，也需要确定工作等级。

（3）根据工程实际影响范围和导则规定确定评价范围（生态、声、水、大气或其他专题）。

（4）评价技术方法和预测模式选用应与相应专题工作深度要求一致，并能明确给出相应评价结果的表达内容（文字、图或表格）。

（5）环境敏感目标（根据《建设项目环境影响评价分类管理名录》确定）具体化。例如，是否与城市（含建制镇）规划协调一致，是否经过自然保护区和风景名胜区或对其产生影响，是否影响饮用水水源保护区或取水口，是否会造成重大生态分割或对重要生态功能区造成严重影响，是否会使沿线区域环境问题加剧或恶化，等等。重视公众参与工作，必须考虑沿线受项目影响的居民。

（6）环境监测方案的可行性要考虑施工期和运营期全过程，环境监测布点、频次及时间要符合规范要求。

（7）注意评价内容的全面性，除常规内容外，需要注意社会环境应包括资源合理利用，如土地、矿产、旅游、文物古迹、景观等，同时要考虑功能区划、生态环境、水土流失、生态环境保护敏感目标分布等内容。

（8）必须进行环境风险分析评价（含生态风险、事故风险等），分析产生环境风险的原因及风险概率，针对生态环境保护敏感目标进行环境风险评价，提出有针对性的环境风险防范措施和事故应急计划。

（9）注意生态环境保护措施的完善性、合理性和有效性分析。

第六节　典型社会区域项目评价要点——房地产开发项目

一、相关法律法规、产业政策、环评技术导则及行业污染控制标准

1.《中华人民共和国城乡规划法》（2019 年 4 月）

2.《中华人民共和国土地管理法》（2020 年 1 月）

3.《中华人民共和国土地管理法实施条例》（国务院令〔2021〕743 号）

4. 《城市房地产开发经营管理条例》（国务院令〔2020〕248 号）

5. 《中华人民共和国城市房地产管理法》（2007 年 8 月）

二、工程分析要点

1. 项目概况

项目概况主要包括项目名称、项目地点、建设性质、建设规模、占地面积、平面布置（附图）、区域地理位置图。

项目组成包括主体工程、辅助工程、公用工程、配套项目、生态环境保护工程、主要工艺，明确项目的功能、经济技术指标、设计入住人口、总投资。

2. 工程分析

1）建设期

对建设期产生的噪声、扬尘、建筑废渣、原材料运输影响、植被破坏、施工人员生活废水、生活垃圾等进行分析，并明确施工方案中的相应防治措施。

2）建成后

应考虑可能存在的锅炉房（若有储煤场，要考虑煤尘对环境的影响）、集中式车库排放的废气。废水主要包括居民生活污水，若有商务（餐饮、洗衣等）服务功能的建筑，还要考虑餐饮废水、洗衣废水。固体废物主要为居民生活垃圾、餐饮垃圾、商务垃圾等。噪声主要考虑公用设施（如锅炉房、中央空调等）设备的运行噪声，以及可能存在的娱

乐服务设施（KTV、舞厅、游乐场等）的社会噪声。如果是高大建筑，还应考虑高楼风、光遮挡的影响。对于玻璃幕墙建筑，要考虑光污染的问题。大型标志性建筑要考虑对周围景观的影响。对生态环境保护工程，如污水处理与排放设施，要考虑恶臭等问题。

3）污染物产生及排放情况统计

现有工程污染源、拟拆除及拟改造工程污染源、新征用地污染源现状、拟建工程污染源四个部分应分别说明。

4）清洁生产

清洁生产主要从施工方案设计、建筑材料选择等方面考虑。

三、主要环境影响及防治措施

1. 主要污染因子

燃煤烟气（SO_2、NO_x、烟尘）、废水（SS、BOD、COD、动植物油、氨氮等）、固体废物、噪声、光遮挡、光污染、局地风场影响等。根据环境现状和所在地区污染源调查，在必要时还要考虑区外污染源对居民生活的可能影响。

2. 污染防治措施

1）建设期污染防治对策

根据建设期工程特点，分析项目占地影响（农业生态环境、植被）、施工扬尘、施工废水、施工噪声、建筑废渣和生活垃圾等对生态环境的影响，在敏感地段要考虑施工车辆对周围地段的交通影响，制定相应的污染防治对策，并在必要时提出进一步修改项目设计和施工计划的建议。

2）建成后污染防治对策

通常采用燃用低硫煤、安装脱硫脱氮装置、高烟囱排放等措施控制燃煤锅炉房大气污染，对储煤场采取全封闭、掩盖和喷水抑尘等措施。废水分类处理达标排放。固体废物制定相应的污染防治对策，若有集中式垃圾储运点要提出恶臭防治措施。对于光遮挡、光污染、局地风场等影响，必须从设计入手予以解决，提出更换幕墙材料、高大建筑布局等建议。

四、环境现状调查与评价的主要内容

1. 建设项目周围环境现状调查与评价

建设项目周围环境现状调查与评价包括水环境、大气环境、声环境，评价结果直接影响使用期的生态环境保护措施和污染物排放方式。若周边河流水质已经超标，处理后的污水就不可以直接排放，只能排入城市管网。

2. 建设项目周边的环境敏感点的位置、距离及其影响方式

详细说明建设项目周边的环境敏感点的位置、距离及其影响方式，结果直接影响施工期的生态环境保护措施。若建设项目周边有文物保护单位，则爆破、开挖等活动必须经过有关部门的审批。

3. 工程占地性质分析

分析工程是否占用基本农田，以及建设用地的前期使用情况。若建设用地以前是重金属冶炼厂、农药厂等，则要设置回顾性评价专题，进行土壤和地下水的监测分析。若建设用地是垃圾填埋场稳定后的土地，则不宜作为建筑用地。

五、环境影响报告章节设置

1. 工程概况与工程分析
2. 自然环境与社会环境现状调查
3. 评价区污染源现状调查与评价
4. 环境质量现状调查与评价
5. 环境影响预测与评价
6. 区外污染源对区内环境的影响
7. 生态环境保护措施及其经济技术论证
8. 污染物排放总量控制分析
9. 环境管理与环境监测制度建议
10. 环境影响经济损益分析
11. 公众参与
12. 评价结论与建议

六、应注意的问题

（1）必须注意项目建设与当地城市建设规划、生态环境保护功能区划的符合性，同时关注区域内配套设施建设情况，如城市污水集中处理设施、生活垃圾集中处理设施、中水利用设施、集中供热设施等。

（2）生态环境保护敏感区要做好公众参与工作，收集整理公众参与的结果，纳入环境影响评价，供决策部门参考。

（3）做好区域环境现状调查，特别是有可能对区内生态环境造成影响、影响居民未来生活质量的污染源，如邻近的公路、近期规划中的公路等，在环境影响预测中对此类影响予以适当考虑，提出相关的对策建议。

（4）对于含娱乐服务场所的项目，关注建成后可能对周围居民产生的影响，特别是噪声污染，提出相应的污染防治措施。

（5）对于高大建筑，要注意其光遮挡、光污染、局地风场等影响，标志性高大建筑要考虑对景观的影响。

（6）大型的房地产开发项目一般占地面积大，在必要时要考虑对所在区域的生态环境影响。

（7）风险分析包括：主要产生风险的污染源，风险类型；风险可能影响的性质和范围；风险防范措施和应急救援措施。

第七节　典型社会区域项目评价要点——固体废物项目

一、固体废物建设项目分类及相应污染控制标准

1．生活垃圾填埋场——《生活垃圾填埋污染控制标准（征求意见稿）》（GB 16889—2022）

2．危险废物贮存设施——《危险废物贮存污染控制标准》（GB 18597—2023）

3．危险废物填埋场——《危险废物填埋污染控制标准》（GB 18598—2019）

4．危险废物焚烧厂——《危险废物焚烧污染控制标准》（GB 18484—2020）

5．一般工业固体废物贮存、处置场——《一般工业固体废物贮存和填埋污染控制标准》（GB 18599—2020）

二、生活垃圾填埋场建设项目案例分析要点

1．主要环境影响

（1）填埋场渗滤液对地表水的污染（未处理或处理不达标、地表径流），以及防渗层破坏后对地下水的影响；

（2）填埋场产生的气体对大气的污染（无组织排放可能产生燃烧爆炸）；

（3）垃圾运输及填埋场作业产生的噪声；

（4）填埋场建设对生态环境的破坏和对景观的影响；

（5）填埋场滋生的害虫等可能传染疾病；

（6）填埋堆体对周围地质环境的影响，如造成滑坡、崩塌和泥石流等。

2．工程分析中的特殊要求

1）项目组成

贮存运输工程包括收集、中转、贮存，以及运输方式与路线等。

生活垃圾填埋场工程设计生态环境保护要求：生活垃圾填埋场设计应包括防渗工

程，以及垃圾渗滤液输导、收集和处理系统（防渗层及渗滤液集排水系统）。其中，防渗层的渗透系数 $K \leqslant 10^{-7}$cm/s。垃圾填埋场设计应包含气体输导、收集和排放处理系统（导排气系统）。其他要求还有：建筑物应保持良好通风；在设计时应设置导流坝和顺水沟，将自然降水排出场外或排入蓄水池等。

2）工程评价

评价时段包括建设期、运营期和服务期满后（封场后）三个时期。

对建设期产生的噪声、扬尘、弃石、弃土、植被破坏等进行分析，并提出相应的环境保护和生态保护措施。

运营期应采用图表结合的方式给出污染流程，包括工艺流程、排污点分布、污染物浓度和污染物排放速率。分析在正常工况和非正常工况下污染物有组织排放和无组织排放的种类、数量、浓度。运营期评价还包括监测（生产过程与环境）、控制及风险应急系统。

服务期满后（封场后）应给出处置设施防止污染和恢复生态的方案，以及长期监测和管理的体系、制度。

3）主要污染因子：控制项目 + 常规污染因子

大气污染物排放控制项目及其无组织排放限值：颗粒物（TSP）、氨、硫化氢、甲硫醇、臭气浓度。颗粒物场界排放限值为 1.0mg/m^3。恶臭物质执行《恶臭污染物排放标准》中恶臭污染物厂界标准值。

垃圾渗滤液控制项目：SS、COD、BOD_5、氨氮和大肠杆菌值。垃圾渗滤液控制项目限值执行《生活垃圾填埋污染控制标准》中的标准值。由生态环境部门确定的其他控制项目，执行《污水综合排放标准》。

3. 选址要求

（1）选址应符合当地城乡建设总体规划要求，应与当地的大气污染防治、水资源保护、自然保护要求相一致。

（2）应设在当地夏季主导风向的下风向，在人畜居栖点 500m 以外。

（3）不得设在下列地区：国务院和国务院有关主管部门及省、自治区、直辖市人民政府划定的自然保护区、风景名胜区、生活饮用水水源地和其他需要特别保护区域内的居民密集居住区；直接与航道相通的地区；地下水补给区、洪泛区、淤泥区；活动的坍塌地带、断裂带、地下蕴矿带、石灰坑及溶岩洞区。

4. 环境影响评价主要工作内容

（1）选址合理性论证；

（2）环境质量现状调查；

（3）工程污染因素分析；

（4）大气环境影响预测与评价；

（5）水环境影响预测与评价。

三、危险废物贮存设施建设项目案例分析要点

1. 适用范围

《危险废物贮存污染控制标准》（GB 18597—2023）适用于所有危险废物（尾矿除外）贮存的污染控制及监督管理，适用于危险废物的产生者、经营者和管理者（尾矿库坝不属于危险废物贮存设施）。

2. 项目组成

危险废物贮存设施设计原则：必须有泄漏液体收集装置、气体导出口及气体净化装置。

3. 一般要求

在常温常压下易爆、易燃及会排出有毒气体的危险废物必须进行预处理，使之稳定后再贮存；否则按易爆、易燃危险品贮存。

医院产生的临床废物，必须当日消毒，消毒后再装入容器。在常温下，贮存期不得超过 1 天；5℃以下冷藏的，贮存期不得超过 3 天。

除在常温常压下不水解、不挥发的固体危险废物可以在贮存设施内分别堆放外，其他危险废物必须装入容器内。

4. 选址要求

（1）结构稳定，地震烈度不超过 7 度的区域内。

（2）设施底部必须高于地下水最高水位。

（3）场界应位于居民区 800m 以外、地表水域 150m 以外。

（4）应避免建在溶洞区，或者建在易遭受严重自然灾害如洪水、滑坡、泥石流、潮

汐等影响的地区。

（5）应建在易燃、易爆等危险品仓库、高压输电线路防护区域以外。

（6）应位于居民中心区常年最大风频的下风向。

（7）集中贮存的固体废物堆选址除满足以上要求外，还应满足如下要求：基础层必须防渗，防渗层为至少 1m 厚的黏土层（渗透系数 $K \leqslant 10^{-7}$cm/s），或者 2mm 厚的高密度聚乙烯，或者至少 2mm 厚的其他人工材料，渗透系数 $K \leqslant 10^{-10}$cm/s。

四、危险废物填埋场建设项目案例分析要点

1. 场址选择

（1）危险废物填埋场场址的选择应符合国家及地方城乡建设总体规划要求，场址应处于一个相对稳定的区域，不会因自然或人为因素而受到破坏。

（2）应进行环境影响评价，并经生态环境行政主管部门批准。

（3）危险废物填埋场场址不应选在城市工农业发展规划区、农业保护区、自然保护区、风景名胜区、文物（考古）保护区、生活饮用水水源保护区、供水远景规划区、矿产资源储备区和其他需要特别保护的区域内。

（4）危险废物填埋场场址与飞机场、军事基地的距离应在 3000m 以上。

（5）危险废物填埋场场界应位于居民区 800m 以外，并保证在当地气象条件下对附近居民区大气环境不产生影响。

（6）危险废物填埋场场址必须位于百年一遇的洪水标高线以上，并在长远规划中的水库等人工蓄水设施淹没区和保护区之外。

（7）危险废物填埋场场址与地表水域的距离不应小于 150m。

（8）危险废物填埋场场址的地质条件应符合下列要求：能充分满足填埋场基础层的要求；现场或其附近有充足的黏土资源以满足构筑防渗层的需要；位于地下水饮用水水源地主要补给区范围之外，且下游无集中供水井；地下水水位应在不透水层 3m 以下，否则，必须提高防渗设计标准并进行环境影响评价，取得主管部门同意；天然地层岩性相对均匀、渗透性低；地质结构相对简单、稳定，没有断层。

（9）危险废物填埋场场址选择应避开下列区域：破坏性地震及活动构造区；海啸及涌浪影响区；湿地和低洼汇水处；地应力高度集中，地面抬升或沉降速率快的地区；石

灰溶洞发育带；废弃矿区或塌陷区；崩塌、岩堆、滑坡区；山洪、泥石流地区；活动沙丘区；尚未稳定的冲积扇及冲沟地区；高压缩性淤泥、泥炭及软土区；其他可能危及填埋场安全的区域。

（10）危险废物填埋场场址必须有足够大的可使用面积，以保证填埋场建成后有10年或更长的使用期，在使用期内能充分接纳所产生的危险废物。

（11）危险废物填埋场场址应选在交通方便、运输距离较短、建造和运行费用低，并且能保证填埋场正常运行的地区。

2. 填埋场入场要求

（1）下列废物可直接入场填埋：根据《固体废物 浸出毒性浸出方法 硫酸硝酸法》（HJ/T 299—2007）和《固体废物 浸出毒性测定方法》（GB/T 15555.1～15555.11—1995），测得的废物浸出液中有一种或一种以上有害成分浓度超过《危险废物鉴别标准》（GB 5085.1—2007）中的标准值的废物，以及低于《危险废物填埋污染控制标准》（GB 18598—2019）中允许进入填埋区控制限值的废物；根据《固体废物 浸出毒性浸出方法》（HJ/T 299—2007）和《固体废物 腐蚀性测定 玻璃电极法》（GB/T 15555.12—1995），测得的废物浸出液 pH 值为 7.0～12.0 的废物。

（2）下列废物需要经预处理才能入场填埋：根据《危险废物鉴别标准 浸出毒性鉴别》（GB 5086.3—2007）和《固体废物 浸出毒性测定方法》（GB/T 15555.1～15555.12—1995），测得的废物浸出液中任何一种有害成分浓度超过《危险废物填埋污染控制标准》（GB 18598—2019）中允许进入填埋区的控制限值的废物；根据《固体废物 浸出毒性浸出方法 硫酸硝酸法》（HJ/T 299—2007）和《固体废物 腐蚀性测定 玻璃电极法》（GB/T 15555.12—1995），测得的废物浸出液 pH 值小于 7.0 和大于 12.0 的废物；本身具有反应性、易燃性的废物；含水率高于 85%的废物；液体废物。

（3）下列废物禁止填埋：医疗废物；与衬层具有不相容性反应的废物。

3. 填埋场设计与施工的生态环境保护和运营管理要求

填埋场应设预处理站，预处理站应具备废物临时堆放、分拣、破碎、减容减量处理、稳定化养护等设施；填埋场必须设置渗滤液集排水系统、雨水集排水系统和集排气系统；填埋场周围应设置绿化隔离带，其宽度不应小于 10m；填埋场天然基础层的饱和渗透系数不应大于 1.0×10^{-5}cm/s，且其厚度不应小于 2m。

应根据天然基础层的地质情况分别采用天然材料衬层、复合衬层或双人工衬层作为防渗层（关于渗透系数的要求各不同）。危险废物安全填埋场的运营不能在露天下进行，必须有遮雨设备，以防止雨水与未进行最终覆盖的废物接触。

4. 评价监测因子：控制项目+当地生态环境保护要求

危险废物填埋场污染物控制项目有渗滤液、排出气体、噪声。

（1）严禁将集排水系统收集的渗滤液直接排放，而应对其进行处理，使其浓度达到《污水综合排放标准》（GB 20425—2006）中第一类污染物和第二类污染物最高允许排放浓度要求后方可排放（若有地方标准，应执行地方的水污染物排放标准）。

（2）危险废物填埋场废物渗滤液第二类污染物排放控制项目包括 pH 值、SS、BOD_5、COD_{Cr}、氨氮、磷酸盐（以 P 计）。

（3）地下水监测因子常规测定项目包括浊度、pH 值、可溶性固体、氯化物、硝酸盐（以 N 计）、亚硝酸盐（以 N 计）、氨氮、大肠杆菌总数。

（4）危险废物填埋场排出的气体应按照《大气污染物综合排放标准》（GB 16297—2017）中无组织排放的规定执行。

（5）危险废物填埋场在作业期间，噪声控制应按照《工业企业厂界噪声标准》（GB 12348—2008）的规定执行。

5. 环境影响评价的主要内容

一般建设项目的环境影响评价均包括水、大气、声、生态（包括水土流失）和景观等几个方面。危险废物填埋场评价和预测的主要内容如下。

（1）水环境：包括地表水和地下水，主要预测填埋场垃圾渗滤液、预处理车间产生的废水，以及生活区污水对水环境的影响。在分析垃圾渗滤液的环境影响时，还应考虑在非正常情况下如防渗层破裂对地下水污染的影响。

（2）大气环境：施工扬尘、填埋机械和运输车辆尾气、填埋场废气对填埋场周围环境和沿线环境空气的影响。

（3）声环境：施工机械、作业机械和运输车辆噪声对周围环境的影响。

（4）水土流失：项目选址区若位于低山丘陵区，则建设期对植被的破坏会造成一定程度的水土流失，一定要采取防护措施。

（5）生态环境和景观影响：建设危险废物填埋场在一定程度上会破坏植被，占用土地会引起水土流失，弃土堆放等会给选址区及其周围生态环境和景观带来一定的影响。

五、危险废物焚烧厂建设项目案例分析要点

1. 选址原则

各类危险废物焚烧厂不允许建设在《危险废物焚烧污染控制标准》（GB 18484—2020）中规定的地表水环境质量Ⅰ类、Ⅱ类功能区，以及《环境空气质量标准》（GB 3095—2016）中规定的环境空气质量一类功能区，即自然保护区、风景名胜区和其他需要特殊保护的地区。集中式危险废物焚烧厂不允许建设在人口密集的居住区、商业区和文化区。各类危险废物焚烧厂不允许建设在居民区主导风向的上风向地区。2004年制定的《危险废物集中焚烧处置工程建设技术要求（试行）》中还规定，厂界距居民区应大于1000m。

2. 焚烧物的要求

除了易爆和具有放射性的危险废物，其他危险废物均可进行焚烧。

3. 焚烧炉排气筒高度要求

焚烧炉排气筒高度必须满足相应要求：新建集中式危险废物焚烧厂焚烧炉排气筒周围半径200m内有建筑物时，排气筒高度必须高出最高建筑物5m以上。

4. 主要污染因子、污染物（项目）控制限值

（1）危险废物焚烧炉大气污染物有排放限值要求的项目包括烟尘、CO、SO_2、HF、HCl、氮氧化物（以NO_2计）、汞及其化合物（以Hg计）、镉及其化合物（以Cd计）、砷镍及其化合物（以As + Ni计）、铅及其化合物（以Pb计）、铬锡锑铜锰及其化合物（以Cr + Sn + Sb + Cu + Mn计）、二噁英类及恶臭物质等。

（2）废水污染源应按生产废水、生活污水、初期雨水、设备及地面冲洗水、临时贮存场所内渗滤液及排污水、循环冷却排污水等分别统计，污染因子包括pH值、SS、COD_{Cr}、BOD_5、NH_4-N、总余氯、总磷、氟化物、挥发酚、氰化物、石油类、重金属、苯系物、粪大肠杆菌数等。在排放废水时，水中污染物最高允许排放浓度按《污水综合排放标准》（GB 20425—2006）执行。

（3）固体废物应包括焚烧残余物、飞灰、经尾气净化装置产生的固态物质，以及污水处理站产生的污泥和主要有害成分。焚烧残余物按危险废物进行安全处置。

（4）危险废物焚烧厂噪声执行《工业企业厂界噪声标准》（GB 12348—2008）。

5. 主要污染防治措施

主要污染防治措施应符合法律法规要求，全过程控制，遵循清洁生产原则、总量控制原则，满足功能区和人群健康要求。

（1）废气污染控制措施：在设计上对排放有毒有害气体、粉尘、恶臭、焚烧处置的装置实施控制，如控制炉温、停留时间等；同时，设置烟气净化设施，对酸性气体、二噁英、氮氧化物、尘汞等污染物进行净化。

（2）废水污染控制措施：排水系统应清污分流、雨污分流，并分别治理；设计及管理应考虑废水处理方案，分级控制水质指标，论证废水处理流程的达标可靠性；考虑废水管道和废水贮存、处理设施的防渗漏性；废水排放口设置应合理。

（3）固体废物污染控制措施：按危险废物和医疗废物焚烧处置产生的固体废物（残余物、飞灰、经尾气净化装置产生的固态物质和污水处理站产生的污泥等）类别，分别进行安全处置。

六、危险废物处置工程项目环境影响评价应关注的问题

（1）必须详细调查、了解和描述危险废物的产生量、种类和特性；弄清楚进场废物来源、种类、特性，对于评价处置场规模、选址和处置工艺的可行性至关重要；全过程监测。

（2）危险废物安全处置中心的环境影响评价必须贯彻全过程管理的原则，包括收集、临时贮存、中转、运输、处置，以及工程建设期和运营期的生态环境问题。

（3）对危险废物安全填埋处置工艺的各个环节进行充分分析，对填埋场的主要环境问题，如渗滤液的产生、收集和处理系统，以及填埋气体的导排、处理和利用系统进行重点评价，对渗滤液泄漏及污染物的迁移转化进行预测评价。对于配有焚烧设施的处置中心，要对焚烧工艺和主要设施进行充分分析，审查焚烧系统的完整性，对烟气净化系统的配置和净化效果进行论述，将烟气排放对大气环境的影响作为评价重点。关注焚烧废气对环境空气的污染预测评价，按正常排放情况和非正常排放情况计算有害气体排放对环境空气的影响，确定相应的防护距离，制定相关的事故防范措施。

（4）设专题对填埋场场址进行比选论证，分析选址的合理性，除了环境的基本条

件，还应分析公众的心理影响因素。因此，必须对场址的比选进行充分的论证，并做好公众参与的调查和分析工作。

（5）必须设“风险分析”专题，包括：运输过程中产生的事故风险，填埋场渗滤液的泄漏事故风险，由于入场废物的不相容性产生的事故风险，焚烧废气净化系统故障导致的事故风险，等等。基于此，提出详细的应急措施及实施计划。

（6）注重生态环境保护措施分析的全面性，应对施工期、运营期及封场后生态恢复、大气污染防治、污水防治、噪声污染防治、固体废物污染防治进行全面的论述。

七、一般工业固体废物贮存场、处置场建设项目案例分析要点

1. 一般工业固体废物贮存场、处置场贮存

处置场分为Ⅰ类场和Ⅱ类场。

按照《危险废物鉴别标准　浸出毒性鉴别》（GB 5086—2007）规定方法进行浸出试验而获得的浸出液中，任何一种污染物的浓度均未超过《污水综合排放标准》（GB 8978—2021）最高允许排放浓度，并且 pH 值为 6～9 的一般工业固体废物，被称为Ⅰ类一般工业固体废物。堆放Ⅰ类一般工业固体废物的贮存场、处置场被称为第一类场，简称Ⅰ类场。

按照《危险废物鉴别标准　浸出毒性鉴别》（GB 5086—2007）规定方法进行浸出试验而获得的浸出液中，有 1 种或 1 种以上的污染物浓度超过《污水综合排放标准》（GB 8978—2021）最高允许排放浓度，或者 pH 值为 6～9 的一般工业固体废物，被称为Ⅱ类一般工业固体废物。堆放Ⅱ类一般工业固体废物的贮存场、处置场被称为第二类场，简称Ⅱ类场。

另外，贮存场是非永久性的集中堆放场所；处置场是永久性的集中堆放场所。

2. 场址选择

1）Ⅰ类场和Ⅱ类场的共同要求

所选场址应符合当地城乡建设总体规划要求；应选在工业区和居民集中区主导风向下风侧，场界距居民集中区 500m 以外；应选在满足承载力要求的地基上，以避免地基下沉的影响，特别是不均匀或局部地基下沉的影响；应避开断层、断层破碎带、溶洞区，以及天然滑坡或泥石流影响区；禁止选在江河、湖泊、水库最高水位线以下的滩地和洪

泛区；禁止选在自然保护区、风景名胜区和其他需要特别保护的区域。

2）Ⅰ类场的其他要求

应优先选用废弃的采矿坑、塌陷区；尾矿坝属Ⅰ类场。

3）Ⅱ类场的其他要求

应避开地下水主要补给区和饮用水水源含水层；应选在防渗性能好的地基上；天然基础层地表与地下水水位的距离不得小于 1.5m。

3. 贮存场、处置场设计的环境保护要求

1）Ⅰ类场和Ⅱ类场的共同要求

贮存场、处置场的建设类型，必须与将要堆放的一般工业固体废物的类别一致；应采取防止粉尘污染的措施；应设计渗滤液集排水设施；含硫量大于 1.5%的煤矸石，必须采取措施防止自燃。

2）Ⅱ类场的其他要求

当天然基础层渗透系数大于 1.0×10^{-7}cm/s 时，应构筑防渗层，防渗层厚度应相当于渗透系数为 1.0×10^{-7}cm/s、厚度为 1.5m 的黏土层的防渗性能。在必要时应设计渗滤液处理设施，对渗滤液进行处理。为监控渗滤液对地下水的污染，贮存场、处置场周边至少应设置 3 口地下水质监测井。第 1 口井沿地下水流向设置在贮存场、处置场的上游，作为对照井；第 2 口井沿地下水流向设置在贮存场、处置场的下游，作为污染监测井；第 3 口井设置在最可能出现污染扩散影响的贮存场、处置场周边，作为污染扩散监测井。

在地质、水文资料表明含水层埋藏较深，经论证认为地下水不会被污染的情况下，可以不设置地下水质监测井。

4. 污染物控制

（1）渗滤液及其处理后的排放水：应选择一般工业固体废物特征组分作为控制项目。

（2）地下水：贮存场、处置场投入使用前，以 GB/T 14848—2017 规定的项目作为控制项目；在运营过程中的及关闭的或封场后的项目，可以选择所贮存、处置的固体废物的特征组分作为控制项目。

（3）大气：以颗粒物作为控制项目，其中，自燃性煤矸石的贮存场、处置场，以颗粒物和 SO_2 作为控制项目。

5. 污染物监测

1）渗滤液及其处理后的排放水

采样点：采样点设置在排放口。

采样频率：每月 1 次。

2）地下水

采样点：采样点设置在地下水质监测井。

采样频率：贮存场、处置场投入使用前，至少应监测 1 次本底水平；运营过程中及封场后，每年按枯水期、平水期、丰水期进行采样，每期 1 次。

3）大气

采样点：无组织排放监控点一般应设置在周界外 10m 范围内；设置在周界污染物浓度最高点；设置点高度应为 1.5～15m。

采样频率：每月 1 次。

6. 项目选址优化分析

在项目选址优化分析中，应列表分析以下主要内容。

（1）自然生态环境影响：是否水源地、选址区植被情况（不得建在需要特别保护的区域内，对天然林、林场的保护高于对人工植被、农田果园等作物植被的保护）。

（2）地形条件：地势地形是否有利，工程量，覆土来源（沟谷地区）。

（3）地质水文条件：是否有不良地质现象，影响地表水的程度（不能建在存在不良地质条件的地区，危险废物贮存设施及危险废物填埋场应位于地表水域 150m 以外）。

（4）水电设施条件：与饮用水和供电设施的距离。

（5）交通状况：主要考虑进场道路建设不能穿越自然保护区等敏感区。

（6）周围敏感点（包括居民区和风景区）情况：距离敏感点的距离，选址是否在居民区下风向、项目建设是否会影响附近居民区的景观。生活垃圾填埋场，应设在人畜居栖点 500m 以外；危险废物贮存设施及危险废物填埋场，应位于居民区 800m 以外；危险废物焚烧厂的厂界应距居民区 1000m 以上；一般工业固体废物贮存场、处置场的场界应距居民集中区 500m 以上；危险废物填埋场，应距飞机场、军事基地 3000m 以上，位于百年一遇洪水标高线上，地下水水位应在不透水层 3m 以下；一般工业固体废物贮存场、处置场的天然基础层地表距地下水水位不得小于 1.5m。

（7）垃圾运输沿线对居民的影响（影响的居民人口数越少越好）。

第八节　典型生态影响型项目评价要点——水利水电项目

一、水利水电项目划分标准

1.《水利水电工程施工质量检验与评定规程》(SL 176—2021)

2.《环境影响评价技术导则　水利水电工程》(HJ/T 88—2003)

二、工程分析所要阐明的主要内容

1. 项目概况

1)　概况

项目名称、工程性质、河流名称、工程规模、地理位置、总体布置、开发方式、总投资额。

2)　工程项目组成

(1) 主体工程：首部枢纽（左右岸挡水坝段、泄洪闸等建设物)、引水系统、地下厂房。

(2) 施工辅助工程：施工企业及仓库、生活区、施工交通（新建公路与桥梁)、渣场及料场。

(3) 水库淹没：库底清理、移民安置。

3) 水文

多年平均悬移质年输沙量、多年平均年流量、多年平均年径流量、利用的水文系列数据年限、流域面积。

4) 水库

水库水位、校核洪水位、设计洪水位、死水位、正常蓄水位、正常蓄水位时的水库面积、回水长度、总库容、正常蓄水位以下库容、调洪库容、防洪库容、兴利库容、死库容。

5）下泄流量及相应的下游水位

设计洪水位时最大下泄流量及相应的下游水位；最小流量及相应的下游水位。

6）挡水坝

坝类型、地基特性、顶部高程（坝）、最大坝高、顶部长度（坝）。

7）水库淹没和移民安置

淹没耕地、淹没房屋、淹没区公路长度和改线长度、迁移人口、移民安置方式。

8）工程占地

工程永久占地（主体工程、永久公路、电站生活区）；工程临时占地（施工辅助企业、渣场、料场）。

9）原材料

主要建筑材料、采运方式、料场位置、料场占地、料场环境及其合理性分析。

10）施工规划

主体工程量、施工方式、工区布置、施工占地、弃渣场位置、弃渣场环境及其合理性分析、总工期、施工交通运输、施工导流、施工人数。

11）工程运行营

建成后在汛期和非汛期如何运营，如日调节、周调节等。

2. 工程分析

1）施工期的环境影响

（1）水环境影响源：砂石骨料废水、混凝土拌和废水、汽车保养和机修废水、生活污水。

（2）大气污染源：爆破、砂石骨料加工、运输、燃油机械。

（3）噪声污染源：爆破、砂石骨料加工、运输、震动机械。

（4）固体废物：生活垃圾。

（5）生态影响源：施工占地和工程开挖对农业生态环境、林业生态环境的影响；产生的弃渣可能造成水土流失。

（6）社会环境：施工运输车辆的增加对交通环境的影响；人员的增加可能引发疾病。

2）运营期的环境影响

占地和淹没导致的土地利用方式的改变、生物量变化、生态变化、建筑物阻隔、水资源分布改变等。移民安置可能带来的环境影响和生态破坏。

三、环境现状

1．地理位置

2．地形地貌

3．地质环境（项目区的地震烈度、是否有断层）

4．水环境（水文、泥沙、水质）

5．生态环境（气象气候、土壤、水生生物多样性、陆生生物多样性、水土流失）

6．环境空气

7．声环境

8．社会环境

9．移民安置区环境现状

上述各节可以按一般环境影响评价流程进行，生态环境现状调查与评价可按括号内所列内容调查。

四、环境影响

1. 施工期的环境影响

按常规方式分析即可。

2. 运营期环境影响预测与评价

1）水环境影响预测与评价

（1）对水文情势的影响：对库区水文情势的影响（水位变幅、水库内流速减缓）；减水河段内的流量变化；厂房下游水文情势分析。

（2）对泥沙情势的影响。

（3）对水温的影响：水库水温结构（分层型、过渡型和混合型）、水库河道。

（4）对水质的影响：重点分析对减水河段的影响，一般来说减水河段的自净能力下降。

2）环境影响预测评价

（1）对局地气候的影响：可通过类比分析。

(2)对水生生物多样性的影响：库区鱼类等水生生物；减水河段内鱼类等水生生物；产卵场、索饵场、越冬场。

(3)对陆生生物多样性的影响（陆生植物：工程施工、水库淹没、移民安置；陆生动物)。

(4)大坝建设对河流廊道生态功能的影响：分析大坝建设导致的淹没、阻隔、径流变化对河流生态系统的影响。

(5)新增水土流失预测：主要为工程永久占地、渣场、料场、施工公路占地、施工辅助企业占地、围堰、暂存表土等引起的水土流失。

3)社会环境影响评价

(1)对用水的影响：减水河段用水、下游用水。

(2)对社会经济的影响。

(3)对人群健康的影响。

4)对移民安置区的影响

新的移民搬迁后，移民在生活过程中对周围环境的影响。

5)对环境地质的影响

渣场等是否会引起滑坡、塌陷、泥石流等灾害，是否会引发地震等。

五、生态环境保护措施

生态环境保护措施可分为筹建期、施工期和运营期进行论述。

筹建期的生态环境保护措施一般包括：筹建生态环境管理机构，培训人员，将环境影响评价报告中有关生态环境保护措施列入工程最终设计文件，招标文件及合同文件中必须包括生态环境保护条款，等等。

施工期的生态环境保护措施可按常规进行。

运营期的生态环境保护措施如下。

(1)水环境保护措施：重点要注意库底卫生清理（林木、厕所、畜圈，并做好灭鼠工作)。

(2)生态环境保护措施：下放生态流量（保证减水河段内水生生物的生存)、在适宜河段和库区投放鱼苗。

（3）水土保持及景观恢复（主要采取砌浆片石、砌块石、设置临时拦挡及排水设施等工程措施，以及复耕、覆土造地、绿化等生态环境保护措施）。

六、生态现状调查及影响评价的内容

（1）森林调查：类型、面积、覆盖率、生物量、组成的物种等；评价生物量损失、物种影响、有无重要保护物种、有无重要功能要求（如水源林等）。

（2）陆生动物和水生动物：种群、分布、数量；评价生物量损失、物种影响、有无重要保护物种。

（3）农业生态调查与评价：占地类型、占地面积、占用基本农田数量、农业土地生产力、农业土地质量。

（4）水土流失调查与评价：侵蚀面积、侵蚀程度、侵蚀量及损失、发展趋势及导致的生态环境问题，以及工程与水土流失的关系。

（5）景观资源调查与评价：水库周边景观敏感点段，主要景观保护目标及保护要求，水库建设与重要景观、景点的关系。

生态现状调查方法包括：现有资料收集、分析，规划图件收集；植被样方调查，主要调查物种、覆盖率及生物量；现场勘查景观敏感点段；可以利用遥感信息测算植被覆盖率、地形地貌及各类生态系统的面积、水土流失情况等。

七、评价重点和需要特别注意的问题

水利水电项目的评价重点是生态环境影响（含水土流失问题）评价和水环境影响评价，特别是水文情势的变化和生态影响。

水利水电项目如果是引水电站，则其评价需要注意的问题包括：

（1）森林植被影响及可能对重要物种的影响；

（2）森林生态系统切割（森林生境切割）与阻隔对野生动物的影响；

（3）农业占地和占用基本农田问题；

（4）取土场、弃渣场等非永久占地的复垦与生态恢复（植被重建）；

（5）水土保持方案的编制；

（6）景观美学影响评价；

（7）噪声敏感点段的监测、影响评价及保护措施；

（8）水环境尤其是水源的保护问题；

（9）移民安置产生的环境影响和社会问题；

（10）水资源配置及其产生的生态影响；

（11）文物古迹的保护措施；

（12）大坝建设对河流廊道的生态功能的影响。

水利水电项目如果是抽水蓄能电站，则其评价需要注意的问题包括如下方面。

（1）工程一般由上水库、输水系统、电站厂房等组成。

（2）抽水电站是一个相对封闭的系统，影响相对较小。

（3）应有初次蓄水对水库水质的影响分析内容（主要为库底清理、淹没区内是否有可能污染未来库水的污染源）。

（4）若将原水库作为下水库，则应分析对下水库水生生态的影响，即水库流速增加、水位日变幅增大，导致湖泊生境特征减弱，对浮游生物和底栖动物的区系组成会产生较为明显的影响，水库初级生产力将有所下降；水位日变幅增大，导致浮游生物数量减少，定居性渔业发展将受影响。

（5）人群健康影响。

（6）生态影响和水土流失影响是评价重点，生态影响包括植被、陆生生态、水生生态影响，水土流失影响主要是弃渣流失的影响。

第九节 典型输变电项目评价要点

典型输变电项目最显著的问题是电磁污染，因此，无论是从影响分析、专题设置方面，还是从评价重点、评价范围、环境影响预测、生态环境保护措施等方面，均要考虑工频电场、工频磁场、无线电干扰等的影响。

一、输变电项目评价依据

1. 《环境影响评价技术导则 输变电》（HJ 24—2020）。

二、输变电项目评价的主要内容（专题设置）

1. 自然与社会环境调查
2. 环境现状监测、调查与评价
3. 工程分析
4. 电磁污染、声环境、环境空气、水环境及生态环境等影响预测
5. 水土保持
6. 生态环境保护对策
7. 清洁生产
8. 环境监测与管理
9. 环境经济损益分析
10. 公众参与

三、输变电项目评价重点

输变电项目评价重点包括工程分析、电磁环境和声环境影响评价、生态环境保护措施等。

四、输变电项目评价环境影响识别（输变电工程主要环境影响）

1. 建设期

变电所和输电线路对生态环境的影响，对环境空气的影响，对水环境的影响，对声环境的影响，对水土流失的影响。

2. 运营期

变电所和输电线路对生态环境的影响，对声环境的影响，对电磁环境（工频电场、工频磁场、无线电干扰）的影响，以及变电所生活污水对生态环境的影响。

五、输变电项目评价范围

1. 声环境

（1）变电所：厂界噪声评价范围为围墙外 1m，环境噪声评价范围为半径 100m 的敏感区和附近居民区。

（2）输电线路：边相导线两侧 50m 的带状区域。

2. 工频电场、工频磁场

（1）变电所：评价范围为以变电所为中心 500m 的范围。

（2）输电线路：评价范围为输电线路走廊两侧 30m 的带状区域。输电线路走廊为边相导线投影外 20m 的区域。

3. 无线电干扰

（1）变电所：变电所围墙外 2000m 的区域。

（2）输电线路：输电线路走廊两侧 2000m 的带状区域。

4. 生态环境

变电所和输电线路周围 500m 的区域。

5. 水土保护

变电所和主要输电线路永久占地、临时占地等项目建设区和直接影响区。

六、项目的主要评价因子和预测因子

水环境、大气环境、声环境的主要评价因子和预测因子都是常规的、通用的，特殊的评价因子和预测因子如下。

（1）电磁辐射：主要评价因子为工频电磁场强度，预测因子相同。

（2）无线电干扰：主要评价因子为 0.5MHz 的无线电干扰，预测因子相同。

（3）生态环境：主要评价因子为植被特征与覆盖，预测因子为项目建设对植被破坏与恢复的影响。

（4）水土保护：主要评价因子为水土流失，预测因子相同。

七、环境影响因子分析

1. 输电线路环境影响分析

1）施工期

（1）临时占地将使部分作物、果树、高大乔木等遭到短期损坏。

（2）材料、设备、运输车辆产生噪声和扬尘。

（3）修筑施工道路扰动现有地貌，造成一定的水土流失，产生扬尘。

（4）塔基场地平整、基础开挖扰动现有地貌，造成一定量的水土流失，产生扬尘、固体废物和机械噪声。

（5）土建时的混凝土及基础打桩等产生噪声。

（6）施工现场人员居住场所搭建临时生活取暖炉灶，产生环境空气污染。

（7）人员及车辆进出等将给居民生活带来不便，对野生动物产生一定影响。

2）运营期

（1）工程沿线房屋拆迁、森林砍伐，将改变局部自然生存环境。

（2）土地的占用，改变了原有土地功能。

（3）输电线路下方及附近存在的电场、磁场对人、牲畜和动植物产生影响。

（4）输电线路干扰波对邻近有线装置和无线电装置产生影响。

（5）高压线路电晕可听噪声对周围环境产生影响。

2. 变电所环境影响分析

1）施工期

由于地表的开挖、工程车辆的行驶、施工人员的生活等，施工区域将产生水土流失、粉尘、噪声、弃土（渣）、生活垃圾和生活废水等，主要影响是生态环境影响。

2）运营期

（1）工频电场、工频磁场、无线电干扰。变电所内高压线及电气设备附近，因高电压、大电流而产生较强的电场、磁场；变电所内 500kV 电气设备、导线、金具绝缘子串也可能产生局部电晕放电，都可能产生无线电干扰，通过出线顺导线方向及通过空间垂直方向朝变电所外传播高频干扰波。

（2）废水：变电所值班日常生活产生的污水。

（3）固体废物：变电所值班日常生活产生的垃圾，以及事故时产生的废变压器油，危险废物需要集中处理。

（4）噪声：变电所内断路器、电抗器、变压器、火花及电晕等产生较高的连续电磁性噪声和机械性噪声。

八、变电所电磁环境影响预测

变电所工频电场、工频磁场、无线电干扰等电磁环境影响预测，业界目前没有可供使用的推荐预测计算模型，因此电磁环境影响预测主要靠类比方法。

类比对象的选择原则为：

（1）电压等线相同；

（2）建设规模、设备类型、运行负荷相同或相似；

（3）占地面积和平面布置相同或相似；

（4）周围环境、气象条件、地形相同或相似。

九、输电线路生态环境保护措施

1. 输电线路选择

避开了城镇规划区、开发区、居民区等敏感点，与工频电场、工频磁场、无线电干扰敏感区保持安全距离。

2. 电磁环境影响防护措施

（1）输电线路保护范围。一般地区各输电线路电压导线的边线延伸距离规定为：1～10kV 为 5m，35～110kV 为 10m，220kV 为 15m，500kV 为 20m，800kV 为 50m。

（2）居民防护措施：300kV 输电线路不应跨越长期住人的建筑物，导线与建筑物之间的垂直距离在最大计算弧垂情况下不应小于 9m；上述距离在最大偏风情况下不应小于 8.5m；同时，住人房屋要求导线偏风至该占地地面 1m 处未畸变场强不得大于 4kV/m，超过这个标准予以拆迁。

（3）通信设施防护措施：保持最大距离。

（4）输电线路电磁污染的防治。

十、500kV 超高压输变电工程环境影响评价应注意的问题

1. 从生态环境保护角度，做好工程选线、选址、选型工作

（1）选线：输变电线路应避开自然保护区、国家森林公园、风景名胜区、城镇规划区、机场、军事目标及无线电收信台等重点保护目标。

（2）选址：变电所、开关站选址应尽量少占农田、远离村镇，尽量减少土石方工程量等。

（3）选型：设备选型应考虑采用低噪声及可以降低无线电干扰的主变压器、电感器、风机等设备；杆塔选型应进行合理性、可行性论证。

2. 以电磁环境影响评价为重点，对线路沿线变电所周围生态环境保护敏感目标进行预测评价

在运营期，输变电线路和变电所附近存在较复杂的工频电场、工频磁场、无线电干扰。该类工程环境影响评价的重点是做好工频电场强度、工频磁场强度、无线电干扰强度 3 项电磁环境指标的评价工作。具体工作可以分为 3 步。

第 1 步：根据电磁环境影响评价范围和工程环境特点确定生态环境保护敏感目标。工频电场、工频磁场的评价范围为边导线外 50m（20m 走廊带 +30m）；无线电干扰评价范围为 2000m，若线路周边没有敏感的无线电收信台，则重点为 100m 内的村庄和生态环境保护敏感目标。基于此，评价工作重点调查拟建工程线路两侧 100m 内和变电所 500m 内的生态环境保护敏感目标，给出居民区内的人数、户数、环境特征，以及与本

工程之间的方位、距离、高差关系。

第 2 步：对工频电场强度、工频磁场强度、无线电干扰强度 3 项电磁环境指标进行预测。模式计算和类比监测结果表明，在 3 项电磁环境指标中，环境制约因素是工频电场。工频电场预测应给出：当线路高 14m 时（通过村庄居民区的设计高度），线下地面 1.5m 高度处的工频电场强度分布，以及使边导线外 5m 处工频电场强度小于 4kV/m 时线路应抬升的高度。

第 3 步：根据预测计算结果（包括参照类比监测结果），针对具体的村庄或居民区等生态环境保护敏感目标进行评价，提出污染防治对策。污染防治对策一般包括 3 种，具体如下。

（1）线路避让摆动。当线路经过地区有较大村庄或居民密集区时，线路应尽量摆动避开。

（2）抬高线位方法。当线路周边为居民密集区或村庄房屋较集中时，可采用抬高线位方法，尽量减少拆迁移民。此时，应给出抬高线位后，距边导线最近生态环境保护敏感目标的距离和工频电场强度的预测值。

（3）拆迁方法。当线路周边房屋较少或房屋建设质量较差时，宜采用拆迁方法。此时，应给出拆迁的户数、拆迁后最近建筑与边导线的距离、工频电场强度预测值。

3. 声环境影响评价应重点针对变电所，并兼顾输电线路

变电所集中了主变压器、电抗器、风机等众多声源，并且具有中低频特征，应按相应评价工作等级对厂界噪声进行预测，并预测综合噪声对周边敏感目标的影响。

500kV 交流输电线路噪声影响虽然较小，但在阴雨天气噪声影响明显，应进行线路噪声影响的类比监测分析。

4. 其他注意问题

做好施工期环境影响评价，以及变电所影响评价、水环境影响评价、拆迁安置及公众参与等工作；变电所产生的危险废物的收集管理和处置应按规范要求进行。

第十节　典型规划项目评价

一、评价分类

1. “一地三域”

土地利用规划，区域、流域、海域开发规划。

2. 十个专项

工业、农业、畜牧业、林业、能源、水利、交通、城市建设、旅游、自然资源开发十个专项规划。

二、总体思路

（1）规划产生的环境影响是综合性的、全局的，影响深远；

（2）不仅关注污染和生态影响，更注重规划的协调及对区域可持续发展的影响；

（3）要特别从区域的角度，从环境容量或环境承载力，以及生态系统稳定性和自然资源可持续利用的角度出发，对规划产生的影响进行识别、预测，提出生态环境保护对策和污染减缓措施。

三、规划分析与评价指标体系

1. 规划分析

（1）规划的描述；

（2）规划目标的协调性分析；

（3）规划方案环境影响识别。

2. 评价指标体系

（1）污染影响因子（水污染：COD、BOD_5等；大气污染：SO_2、NO_2等）；

（2）生态系统指标（生物量、生物多样性、土地占用等）；

（3）资源消耗指标；

（4）环境功能区划与环境容量指标；

（5）社会发展指标等。

3. 评价内容和评价范围

（1）土地利用和流域区域开发规划：其影响比较综合、全面，其工作内容主要集中在规划对于区域整体的资源消耗、环境质量、环境承载力，以及生态系统的持续稳定、健康发展的影响等方面。

（2）专项规划：根据其内容有不同侧重，评价范围由建设项目评价规定的不同环境要素的评价等级来确定。

（3）地域因素：一是地域的地理属性、自然资源特性；二是已有的管理边界，如行政区等。

四、环境现状调查与评价

1. 现状调查内容

（1）社会经济背景调查与分析；

（2）生态敏感区（点）调查与分析；

（3）生态环境保护和资源管理调查与分析。

2. 环境限制因素分析

（1）跨界环境因素分析；

（2）经济因素与生态压力；

（3）社会因素与生态压力；

（4）环境污染与生态破坏对社会、经济及自然环境的影响；

（5）评价社会、经济、自然环境对评价区域可持续发展的支撑能力。

3. “零方案”影响分析

在没有本拟议规划的情况下，分析区域环境状况/行业涉及的环境问题的主要发展趋势。

五、环境影响分析评价

1. 分析预测方法

分析预测方法包括类比分析法、系统动力学、投入产出分析、环境数学模型、情景分析法等。

2. 主要内容

（1）规划对生态环境保护目标的影响；

（2）规划对环境质量的影响；

（3）规划的合理性分析；

（4）规划的累积环境影响（空间上和时间上的累积环境影响）；

（5）可持续发展能力预测；

（6）环境影响减缓措施与监测、跟踪评价。

第六章　环境影响评价案例分析

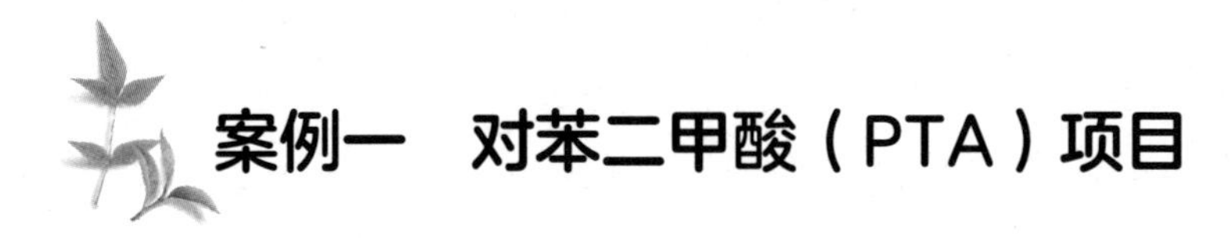

案例一　对苯二甲酸（PTA）项目

一家外商企业拟在河网发达的南方 J 省 S 市的工业集中区内新建年产 60 万吨对苯二甲酸（PTA）项目。厂址紧靠 J 省、Z 省两省交界，北距 J 省 S 市 30km，东南距 Z 省 X 市 15km。工程内容主要包括 60 万吨/年的 PTA 主生产装置、自备热电站（3 台 220tJh）、循环流化床锅炉（配 2 × 50MW 抽凝式汽轮发电机）、码头工程（2 个 500 吨级泊位的液体化工码头和 3 个 500 吨级泊位的杂货码头）及其他配套的公用工程等。本工程主要化工原料的消耗量及运输方式如表 6-1 所示，主要化工原料在厂区内设储罐。工程废水污染物的产生概况如表 6-2 所示，拟采取的废水治理措施如图 6-1 所示，厂址区域水系及敏感点分布情况如图 6-2 所示。其中，本项目纳污水体 L 河执行《地表水环境质量标准》（GB 3838—2002）Ⅲ类标准，L 河受潮汐影响，经常有逆流现象发生。

问题：

1．说明本项目的工程分析应包括的主要内容。

2．确定本项目地表水环境现状监测方案和厂区废水排放应执行的标准。

3．分析本项目废水污染治理措施存在的问题，并提出修正方案。

4．分析本项目选址的生态环境可行性。

5．确定本项目的评价重点。

表 6-1　主要化工原料的消耗量及运输方式一览表

名　称	形　态	运输方式	包装方式	消耗量（吨/年）
对二甲苯	液态	船运	散装	399840
醋酸	液态	船运	散装	29664
醋酸异丁酯	液态	陆运	槽车	1200
烧碱（40%）	液态	陆运	槽车	2400
甲醇	液态	陆运	槽车	10733
硫酸	液态	陆运	槽车	852

表 6-2　工程废水污染物的产生概况

序　　号	废水量（m^3/h）	主要污染物产生情况
W1	105	COD：5000mg/L；对苯二甲酸：1500mg/L
W2	3	COD：18000mg/L；对苯二甲酸：6700mg/L
W3	20	COD：22500mg/L；对苯二甲酸：350mg/L
W4	10	COD：5000mg/L；石油类：95mg/L
W5	140	COD：300mg/L；pH 值：1.3
W6	130	COD：26mg/L；SS：16mg/L

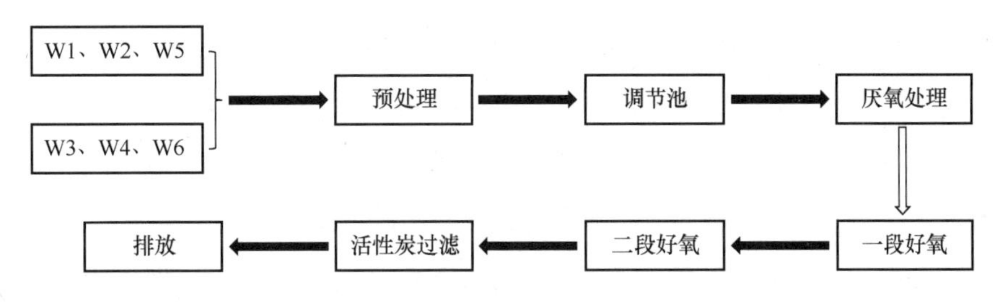

图 6-1　拟采取的废水治理措施

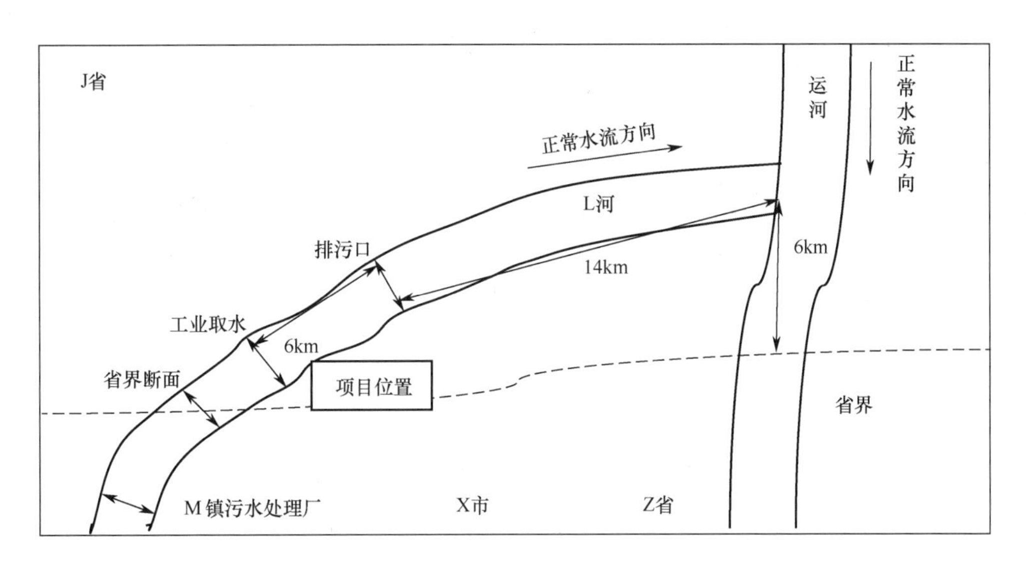

图 6-2　厂址区域水系及敏感点分布情况

案例二　垃圾焚烧发电厂和综合处理厂

拟建某垃圾焚烧发电厂和综合处理厂，垃圾焚烧量为 1000 吨/天，综合处理量为 600 吨/天，项目由垃圾分选、综合处理、垃圾焚烧发电、生活设施管理等部分组成。

项目配套余热锅炉、烟气净化装置、蒸汽轮发电机组，年发电能力 1×10^8kWh。烟囱高度为 90m。垃圾综合处理流程为：生活垃圾进厂后，依次进行大件预分选、粉碎磁选、机械分选、人工精选，筛上物送焚烧厂焚烧，筛下物送初级堆肥，分选出的橡胶、塑料等可再生资源送入可再生资源厂房，砖、石、瓦、砾等送到填埋场。

项目所在地生态环境保护敏感点主要分布在东南方向 1.5km 处，有居住区，主导风向为北风。

问题：

1．垃圾焚烧炉烟气执行什么排放标准?二噁英充分分解的条件是什么?

2．大气环境质量现状监测应包括哪些项目?

3．对生态环境保护敏感点的影响如何判断?

4．垃圾焚烧污染物控制应注意哪些问题?

5．环境风险评价的重点是什么?

案例三 煤矿项目

某地一个国家规划矿区内拟“上大压小”，关闭周边6个小型煤矿，整合新建1个大型煤矿，产煤涉及规模为4×10^6吨/年。根据项目设计文件，矿区地面设计主井和副井各1处，设计通风井2处、洗煤厂1处。洗煤厂设尾矿库1座，洗煤废水能够重复利用。工程设矿井水地面处理站1个，拟配套建设1个瓦斯抽放站用于发电，并建设煤矸石场贮存煤矸石作为建筑材料。煤矸石场选在开采境界边缘地带的一处山坳内，预计可堆放煤矸石30年。

该矿区雨量充沛、植被丰富、易发生泥石流，矿区内农作物种类繁多。矿区范围内有泉点15个，其中，5个泉点为村民饮用水水源。开采境界内有中型河流1条，其是下游某城市的饮用水水源。工程预测最大沉陷区内有村庄2个、省级文物保护单位4处，其他均为农田和林地。

问题：

1．该项目环境影响评价的重点内容是什么？

2．简述该项目地表水环境影响评价的重点。

3．该项目环境影响评价中对沉陷区的现场调查主要包括哪些内容？

4．从目前国家煤炭产业政策要求来看，该项目建成投产前必须落实哪些措施？

5．在该项目中，煤矸石堆场大气污染物控制因子是什么？

6．该项目的主要生态环境保护目标有哪些？

案例四　冶金行业生态环境保护验收

某电解铝厂位于甲市郊区，已经生产10年，现有工程规模为$7×10^4$吨/年电解铝。其主要设备包括：60kA自焙阳极电解槽160台，产量20000吨/年；120kA预焙阳极电解槽120台，产量50000吨/年。自焙阳极电解槽含氟烟气采用干法净化回收，但由于装置设计存在一些问题，电解车间天窗仍有大量无组织烟气排放，氟实际去除率为80%。预焙阳极电解槽在电解过程中产生的含氟烟气经密闭集气罩收集后送往干法净化回收装置，采用氧化铝吸附剂处理，吸附后的载氟氧化铝回收进入电解槽，氟实际去除率为95%。

拟建项目为年产电解铝50000吨的预焙阳极电解槽，主要设备为200kA预焙阳极电解槽100台，扩建现有渣场以满足需求；建设项目在投产时同时淘汰现有60kA自焙阳极电解槽80台，淘汰产能10000吨/年，其他自焙阳极电解槽全部停产。新建项目含氟烟气也采用氧化铝吸附干法净化系统，氟设计去除率为95%以上。

项目建成后，项目达到年产100000吨电解铝的生产规模。全厂主要废水来自煅烧循环水和生阳极（阳极碳块的生产）系统的浊循环水系统，经过废水处理站处理后外排地表水系（Ⅴ类水体），少量的焙烧炉在修理时产生的废渣送渣场填埋。经过2个月的试生产，生产设施、生态环境保护设施运行正常，现委托某监测站进行建设项目竣工验收监测。

在进行环境影响评价时，监测了6个点位，其中，南面500m处A村庄氟化物60%超标，新建工程采用先进的烟气治理措施，同时淘汰老旧设备。厂外各敏感点预测氟化物浓度都将有不同程度的下降，并可满足标准要求，氟化物排放量从160吨/年减少到108吨/年，烟粉尘排放量减少到345吨/年，SO_2排放量减少到450吨/年，可满足地方生态环境局分配的450吨/年SO_2总量指标。公众调查时，A村庄有24个居民反对该项目建设，占调查对象的12%。

问题：

1．该项目竣工验收执行的标准如何确定？

2．该项目竣工验收的监测重点包括哪些方面？

3．该项目竣工验收的现场调研重点包括哪些方面？

4．从验收重点来看，该项目存在哪些问题？能否通过验收？

案例五　居住区建设项目

某仓储用地，曾经贮存油品等物资（用储罐），拟改为居住区，建设住宅项目。在拟建项目西侧300m有一个家具厂，生产木地板、家具等，并有生产油漆和特种胶的装置；家具厂南侧有一个大型居住区，居民已经入住，该居住区距离家具厂区200～400m。

问题：

1．拟建项目主要环境影响因素及评价重点是什么？

2．该项目公众参与的调查对象及内容是什么？

3．该项目环境现状调查的主要内容及方法是什么？

4．该项目环境可行的条件是什么？

案例六　城市轨道交通建设项目

拟建某城市轨道交通项目，建设内容是地下段 8km、车站 7 座。车站采用明挖法施工，地下区间主要采用盾构法施工，地下段小部分采用矿山法和明挖法施工。其中一座车站用地的一部分是原农药厂的厂区，经场地环境影响评价，确定表层土壤中六六六（六氯环己烷）含量略超过土壤环境质量标准，深层没有发现超标。

轨道交通线路经过 1 个居民区、1 所学校。其中，学校位于线路正上方；居民区建筑物类型为Ⅱ类，与线路轨道中心线距离 45m。

问题：

1．该项目环境影响评价的重点是什么?

2．振动环境影响评价量是什么？轨道交通线路经过居民区、学校的区间轨道应采取什么振动治理措施?

3. 施工期环境影响最小的施工方法是什么？施工期应采取什么生态环境保护措施?

4．对原农药厂厂区车站用地的土壤应采取什么措施？是否必须修复?

5．对轨道交通车站的环境影响评价应考虑哪些环境因素?

案例七　火电厂改造

某火电厂现有 6 台机组（2 × 25MW、4 × 125MW），为了节约能源、减少环境污染，作为当地区域集中供热的热源点，替代周围拆除的 10 吨以下小工业锅炉，火电厂对现有 2 × 25MW 机组进行了抽气供热改造。项目规模为 2 × 300MW，总容量为 600MW。辅助工程为建设石灰石-石膏湿法烟气除尘装置，改建煤码头，停靠 3 个 3000 吨级煤的泊位。本工程日运行 20 小时，年运行 5500 小时。本工程耗煤量为 824 吨/小时。

问题：

1．本项目大气污染物最大落地浓度为：SO_2（二氧化硫），0.0161mg/m^3；NO_2（二氧化氮），0.0629mg/m^3。根据大气环境影响评价导则，本项目的大气环境影响评价工作等级是多少？大气环境现状监测需要选择哪些监测因子？如何选择现状监测时间？

2．在该发电厂东南方向 5km 处有 1 个居民区。大气环境现状监测最大小时平均浓度为：二氧化硫，0.178mg/m^3；二氧化氮，0.119mg/m^3。大气环境现状最大小时平均浓度预测值为：二氧化硫，0.0063mg/m^3；二氧化氮，0.0532mg/m^3。大气环境现状监测最大日平均浓度为：二氧化硫，0.100mg/m^3；二氧化氮，0.083mg/m^3。大气环境现状最大日平均浓度预测值为：二氧化硫，0.0011mg/m^3；二氧化氮，0.0087mg/m^3。试判断该居民区这两种污染物是否超标？

3．火电厂建设项目的温排水是什么水？点源的废热以什么来表征？点源的废热以什么模式来预测？

4．根据《环境影响评价技术导则 地面水环境》，火力发电项目应该选取哪些特征水质参数进行水质调查？列举其中主要的 5 项。

5．煤码头的污染源主要来自哪几个方面？至少列举 3 个方面。

案例八　人工岛油气开发工程

某公司拟投资40亿元在渤海湾北岸近海某浅滩建设2个人工岛进行油气开发。工程建设内容包括新建A、B两个砂石实体人工岛，占用海域面积约为$0.5km^2$，其中，A人工岛离岸较远，B 人工岛离岸相对较近，人工岛上布置污水处理厂和部分生活楼等设施。两个人工岛之间建设连岛路，路堤上铺设输油管线；A人工岛南侧布置码头，其仅作为人工岛上物资供给船的靠岛工具；A人工岛与码头之间用引桥、引堤连接。同时，新设陆岸终端1座，人工岛与陆岸终端之间铺设输油、输水管线，管线铺设方法为预挖沟方法。工程建设完成后在两个人工岛共布设井500口，其中，原油开采井400口，注水井100口，井口深度约为2800m，设计采油规模为4000000吨/年。可研设计该项目原油开采产生的泥浆、钻屑就地沿人工岛周边排放。原油开采后先集中输送至人工岛进行油水分离，含油污水送入污水处理厂处理，合格之后作为注水水源进行回注，而不外排。脱水后的原油输送到陆岸终端进行集中处理。该项目永久占用海域面积$0.5km^2$，临时占用海域面积$2.1km^2$。

已知人工岛建设地点为沙坝岛屿，属于浅滩潮间带和水下浅滩地貌类型，绝大多数区域水深0～2m。人工岛北侧3.5km处为浅海养殖区；距离海底输油管线南侧约3km处为某海产品制造工厂；人工岛西南侧5km处为一个深水槽，是工程附近区域工业用水的水源；人工岛较远处西北侧10km为某海洋水产资源保护区。

问题：

1．该项目海上环境影响评价的重点是什么？

2．简述该项目海洋生态环境保护目标的主要内容。

3．根据上述素材分析本项目可研设计中泥浆、钻屑的排放是否存在不利于生态环境保护的内容？根据海洋生态环境保护的相关规定应该如何进行纠正？

4．简要分析工程各阶段非污染环境影响评价内容。

案例九　金属矿山开发项目

矿产资源丰富的地区有一座金属矿山，占地面积为2560000m^2。拟在此地建设一项生产规模为2000000吨/年的矿物采选工程。拟采用地下开采方式，开采深度为−210～−70m，采用斜坡道+竖井的开拓方式。废石经竖井提升至地面，并由汽车运至废石场，废石量为5400000m^3，废石场占地面积为500000m^2。矿石从斜坡道传送至选矿厂矿石仓，矿石经过粗碎、中碎、细碎、磨矿、浮选等工序，产品为该金属精矿，产量为600000吨/年。产出尾矿1100000吨/年，有5km管路输送至尾矿库，输送浓度30%，该尾矿库为山谷型，库容达6000000m^3。该尾矿库初期坝为堆石坝，坝高10m；后期坝用尾矿砂堆筑而成，坝高20m。尾矿库坝下游800m处有一个以养殖鱼类为主的湖泊。矿区坐落在比较茂密的次生林边缘地带，矿区开采区地表有一条国道和一条与道路平行的光缆穿过。

问题：

1．分析该项目的主要生态环境问题。

2．金属矿山地下开采的主要生态环境影响有哪些?

3．尾矿库的主要生态环境影响有哪些方面?阐述尾矿库运营阶段相应的污染治理措施。

4．分析该项目的主要环境风险因素及减少环境风险的主要措施要点。

5．该项目生态环境恢复的范围和主要治理措施有哪些?

6．从生态环境保护的角度对本矿山开发项目提出建议。

案例十 机 场 项 目

某机场建设项目位于环境空气二类、噪声二类地区，所在地区地表水及地下水环境功能区划为Ⅲ类水体。项目主体工程由 1 条跑道、2 条平行滑行道、4 条快速出口滑行道及 6 条跑滑道之间的垂直联络道组成。工程填方 $2.50 \times 10^6 m^3$、挖方 $4.45 \times 10^6 m^3$，堆载体土面区翻挖压实 $0.95 \times 10^6 m^3$、绿化土方 $2.15 \times 10^6 m^3$。各类排水沟总长为 31.6km。围场路、消防车道和特种车道等道路总面积为 $108670 m^2$。

请根据上述资料，简要回答下述问题：

1．说明机场地区大气、声、地表水和地下水环境影响评价中应执行的环境标准。

2．说明声环境现状调查与评价的范围、内容与方法。

3．说明生态环境现状调查的内容和主要方法，以及环境影响分析的重点。

4．简要说明该项目的评价重点和评价中应注意的问题。

案例十一　热电厂项目

新建热电厂工程，建设 2 台 300MW 单轴、双缸、双排气、抽凝式汽轮机，2 台 1025 吨/小时亚临界汽包锅炉，配备五电场静电除尘器及脱硫设施、1 座 180m 高的烟囱及 2 座淋水面积 4000m^2 的凉水塔。本项目总投资约为 295672 万元，建设期为 30 个月，总劳动定员 389 人。该热电厂项目采用连续工作制，年运转时数 6380 小时。项目配套工程包括电气系统、给排水系统、化学水处理系统、除尘系统、除灰渣系统、输煤和储煤系统、脱硫系统、热力系统、压缩空气系统、供热管网、配电系统、事故储灰场。项目年发电量为 3.30×10^9kWh，年供热量为 8.89×10^6GJ。本项目大气污染物 SO_2、烟尘、NO_x 的排放量分别为 0.574 吨/小时、0.07 吨/小时、0.832 吨/小时，并且已知储灰场所在地下水流向为东南向西北。

问题：

1．判断本项目大气环境影响评价的等级，同时确定大气环境影响评价范围。

2．根据一般热电厂的工艺流程，初步分析本项目的产污环节。

3．确定本项目大气环境现状监测的基本方案（监测因子、点位个数、监测时段、频率等）。

4．地下水环境是否应该进行监测？如果需要进行监测，请分析点位布置，并确定主要监测因子。

5．根据已知条件，确定本项目的大气环境预测因子、环境影响评价重点，并确定环境影响评价专题。

案例十二 超超临界凝汽式燃煤发电项目

H省拟在L县新建2×1000MW超超临界凝汽式燃煤发电机组。项目厂址所在地形为丘陵，距L县规划边界约9km。厂址周围环境现状及厂区平面布置如图6-3所示。工程供水水源为L县污水处理厂中水和P水库，采用带自然通风冷却塔的二次循环方式。在正常运营情况下，工业废水和生活污水处理达标后回用而不外排；工程采用石灰石-石膏湿法烟气脱硫工艺，设计脱硫效率为90%；用三室五电场静电除尘器，除尘效率为99.8%，脱硫系统的除尘效率为50%；采用低氮燃烧技术，预留脱除氮氧化物装置空间；两个机组合用一座240m直径的烟囱。废气污染物排放量如下：SO_2排放量为0.479吨/小时；NO_x排放量为2.71吨/小时；烟尘排放量为0.213吨/小时。工程采用露天煤场，设置灰渣分除、干除灰系统，采用干灰场贮存方式，灰场属山谷灰场。

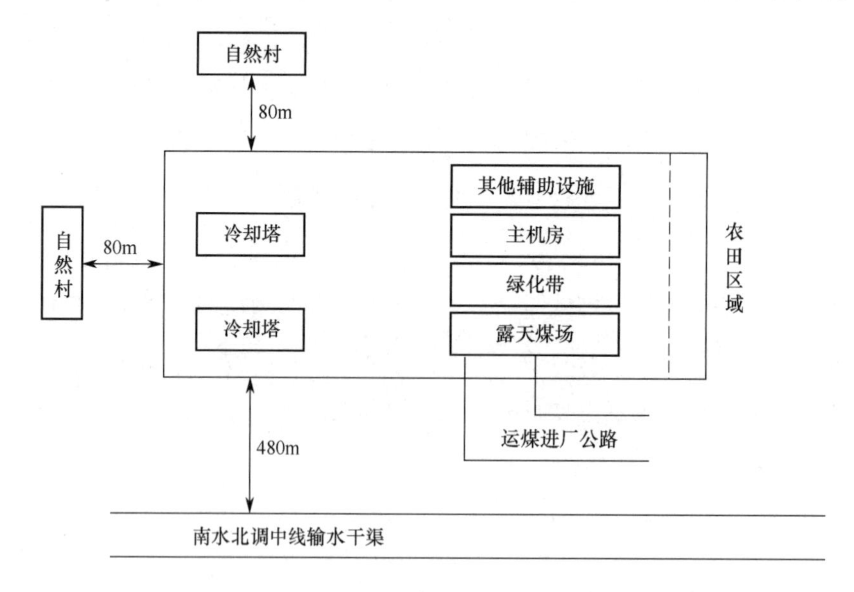

图6-3 厂址周围环境现状及厂区平面布置

问题：

1．分析本项目建设与相关生态环境保护及产业政策的相关性。

2．确定环境空气质量评价工作等级、评价范围。

3．确定环境空气质量现状监测与影响预测因子。

4．分析本项目厂区平面布置的合理性，在必要时提出相应的调整方案和工程需要增设的污染防治措施。

5．确定本项目污染物总量控制因子。

6．确定本项目环境影响评价重点。

案例十三　山区公路建设项目

滇东南地区某山岭重丘区高速公路工程全长 62.05km，其中，山岭区长 18.9km，设计行程速度 60km/h，路基宽 22.5m；重丘区长 43.15km，设计行程速度 80km/h，路基宽 24.5m。主要工程数量如下：土方 $2.875 \times 10^6 m^3$，石方 $3.204 \times 10^6 m^3$，特大桥 5 座，大桥 20 座，隧道 5 座（长 4740m），立体交叉 9 处，永久占地面积 $2917900m^2$，拆迁建筑物面积 $10300m^2$，拆迁户数 58 户、210 人。沿途永久占用土地包括：水田面积 $199000m^2$，荒地面积 $703000m^2$，经济林面积 $5600m^2$，松杂林面积 $682000m^2$，河沟水体面积 $108900m^2$，道路面积 $10900m^2$。临时占用旱地面积 $1040000m^2$、荒地面积 $1252000m^2$。该项目选线横跨南盘江，项目起点 3.0～4.5km 处经过当地水源地丰收水库的集水范围。

问题：

1．该项目的主要环境影响有哪些？该项目环境影响评价的重点是什么？

2．如何进行该项目的水土流失预测？

3．该项目环境影响评价的主要内容包括哪些？

4．该项目的主要环境风险有哪些？如何评价？

5．该项目主要环境要素的评价等级如何确定？

6．该公路竣工通车前具备哪些条件方可进行生态环境保护验收？应提交什么文件？

案例十四 公路建设项目工程分析

给定公路建设项目，工程技术指标已知，试进行项目工程分析，并设置评价专题。

案例十五　火力发电厂概况和项目验收要点

给定火力发电厂建设项目，工程技术指标已知，查阅资料试进行项目工程分析，并介绍区域环境现状调查与环境影响评价的主要内容。如果要进行火力发电厂的生态环境保护验收，简述生态环境保护验收要点。

附录 A　建设项目环境影响报告表编制技术指南

A-1 建设项目环境影响报告表编制技术指南（污染影响类）

一、适用范围

本指南适用《建设项目环境影响评价分类管理名录》中以污染影响为主要特征的建设项目环境影响报告表编制，包括：制造业，电力、热力生产和供应业的火力发电、热电联产、生物质能发电、热力生产项目，燃气生产和供应业，水生产和供应业，研究和试验发展，生态保护和环境治理业（不包括泥石流等地质灾害治理工程），公共设施管理业，卫生、社会事业与服务业的有化学或生物实验室的学校、胶片洗印厂、加油加气站、汽车或摩托车维修场所、殡仪馆和动物医院，交通运输业中的导航台站、供油工程、维修保障等配套工程，装卸搬运和仓储业，海洋工程中的排海工程，核与辐射（不包括已单独制定建设项目环境影响报告表格式的核与辐射类建设项目），其他以污染影响为主的建设项目。其他同时涉及污染和生态影响的建设项目，填写《建设项目环境影响报告表（生态影响类）》。

以污染影响为主要特征的建设项目环境影响报告表依据本指南进行填写，与本指南要求不一致的以本指南为准。

二、总体要求

在一般情况下，建设单位应按照本指南要求，组织填写建设项目环境影响报告表。建设项目产生的环境影响需要深入论证的，应按照环境影响评价相关技术导则开展专项评价工作。根据建设项目排污情况及所涉及的环境敏感程度，确定专项评价的类别。大气、地表水、环境风险、生态和海洋专项评价具体设置原则如表 A-1 所示。土壤、声环境不开展专项评价。地下水原则上不开展专项评价，涉及集中式饮用水水源及热水、矿泉水、温泉等特殊地下水资源保护区的开展地下水专项评价工作。专项评价一般不超过两项，印刷电路板制造类建设项目专项评价不超过三项。

表 A-1　专项评价设置原则表

专项评价的类别	设置的原则
大气	排放废气含有有毒有害污染物[1]、二噁英、苯(a)并芘、氰化物、氯气且厂界外 500m 范围内有环境空气保护目标[2]的建设项目
地表水	新增工业废水直排建设项目（槽罐车外送污水处理的除外）； 新增废水直排的污水集中处理厂
环境风险	有毒有害和易燃易爆危险物质储量超过临界量[3]的建设项目
生态	取水口下游 500m 范围内有重要水生生物的自然产卵场、索饵场、越冬场和洄游通道的新增河道取水的污染类建设项目
海洋	直接向海排放污染物的海洋工程建设项目

注：1．废气中有毒有害污染物指纳入《有毒有害大气污染物名录》的污染物（不包括无排放标准的污染物）；

2．环境空气保护目标指自然保护区、风景名胜区、居住区、文化区和农村地区中人群较为集中的区域；

3．临界量及其计算方法可参考《建设项目环境风险评价技术导则》（HJ 169—2018）中的附录 B 和附录 C。

三、具体编制要求

（一）建设项目基本情况

建设项目名称：指立项批复时的项目名称。无立项批复则为可行性研究报告或相关设计文件的项目名称。

项目代码：指发展改革部门核发的唯一项目代码。若发展改革部门未核发项目代码，填写“无”。

建设地点：指项目具体建设地址。海洋工程建设地点应明确项目所在海域位置。

地理坐标：指建设地点中心坐标。坐标经纬度采用度分秒（秒保留 3 位小数）。

国民经济行业类别：填写《国民经济行业分类》小类。

建设项目行业类别：指《建设项目环境影响评价分类管理名录》中项目行业具体类别。

是否开工建设：填写是否开工建设。存在“未批先建”违法行为的，填写已建设内容、处罚及执行情况。

用地（用海）面积（m^2）：指建设项目所占有或使用的土地水平投影面积。租用建筑物的建设项目填写实际租用面积。海洋工程填写占用的海域面积。改建、扩建工程填写新增用地面积。

专项评价设置情况：需要设置专项评价的，填写专项评价名称，并参照表 A-1 说明设置理由。未设置专项评价的，填写“无”。

规划情况：填写建设项目所依据的行业、产业园区等相关规划名称、审批机关、审批文件名称及文号。无相关规划的，填写“无”。

规划环境影响评价情况：填写规划环境影响评价文件名称、召集审查机关、审查文件名称及文号。未开展规划环境影响评价的，填写“无”。

规划及规划环境影响评价符合性分析：分析建设项目与相关规划、规划环境影响评价结论及审查意见的符合性。

其他符合性分析：分析建设项目与所在地“三线一单”（生态保护红线、环境质量底线、资源利用上线和生态环境准入清单）及相关生态环境保护法律法规政策、生态环境保护规划的符合性。

（二）建设项目工程分析

建设内容：填写主体工程、辅助工程、公用工程、环保工程、储运工程、依托工程，明确主要产品及产能、主要生产单元、主要工艺、主要生产设施及设施参数、主要原辅材料及燃料的种类和用量（改建、扩建及技改项目应说明原辅料及产品变化情况）。简要分析主要原辅料中与污染排放有关的物质或元素，必要时开展相关元素平衡计算。产生工业废水的建设项目应开展水平衡分析。明确劳动定员及工作制度。简述厂区平面布置并附图。

工艺流程和产排污环节：简述工艺流程和产排污环节，绘制包括产排污环节的生产工艺流程图。

与项目有关的原有环境污染问题：改建、扩建及技改项目说明现有工程履行环境影响评价、竣工环境保护验收、排污许可手续等情况，核算现有工程污染物实际排放总量，梳理与该项目有关的主要环境问题并提出整改措施。

（三）区域环境质量现状、环境保护目标及评价标准区域

1. 环境质量现状

1）大气环境

常规污染物引用与建设项目距离近的有效数据，包括近3年的规划环境影响评价的监测数据，国家、地方环境空气质量监测网数据或生态环境主管部门公开发布的质量数据等。排放国家、地方环境空气质量标准中有标准限值要求的特征污染物时，引用建设

项目周边5km范围内近3年的现有监测数据，无相关数据的选择当季主导风向下风向1个点位补充不少于3天的监测数据。根据建设项目所在环境功能区及适用的国家、地方环境空气质量标准，以及地方环境空气质量管理要求评价大气环境质量现状达标情况。

2）地表水环境

引用与建设项目距离近的有效数据，包括：近3年的规划环境影响评价的监测数据，所在流域控制单元内国家、地方控制断面监测数据，生态环境主管部门发布的水环境质量数据或地表水达标情况的结论。

3）声环境

厂界外周边50m范围内存在声环境保护目标的建设项目，应监测保护目标声环境质量现状并评价达标情况。各点位应监测昼夜间噪声，监测时间不少于1天，项目夜间不生产则仅监测昼间噪声。

4）生态环境

产业园区外建设项目新增用地且用地范围内含有生态环境保护目标时，应进行生态现状调查。

5）电磁辐射

新建或改建、扩建广播电台、差转台、电视塔台、卫星地球上行站、雷达等电磁辐射类项目，应根据相关技术导则对项目电磁辐射现状开展监测与评价。

6）地下水、土壤环境

原则上不开展环境质量现状调查。建设项目存在土壤、地下水环境污染途径的，应结合污染源、保护目标分布情况开展现状调查以留作背景值。

2. 环境保护目标

1）大气环境

明确厂界外500m范围内的自然保护区、风景名胜区、居住区、文化区和农村地区中人群较集中的区域等保护目标的名称，以及与建设项目厂界的位置关系。

2）声环境

明确厂界外50m范围内声环境保护目标。

3）地下水环境

明确厂界外500m范围内的地下水集中式饮用水水源及热水、矿泉水、温泉等特殊地下水资源。

4）生态环境

产业园区外建设项目新增用地的，应明确新增用地范围内生态环境保护目标。污染物排放控制标准：填写建设项目相关的国家、地方污染物排放控制标准，以及污染物的排放浓度、排放速率限值。

3. 总量控制指标

填写地方生态环境主管部门核定的总量控制指标。没有总量控制指标的，填写“无”。开展专项评价的环境要素，应在表格中填写调查和评价结果。

（四）主要环境影响和保护措施

施工期环境保护措施：填写施工扬尘、废水、噪声、固体废物、振动等防治措施。产业园区外建设项目新增用地的，应明确新增用地范围内生态环境保护目标的保护措施。

运营期环境影响和保护措施：以下内容参考源强核算技术指南和排污许可证申请与核发技术规范要求填写。

1. 废气

产排污环节、污染物种类、污染物产生量和浓度、排放形式（有组织、无组织）、治理设施（处理能力、收集效率、治理工艺去除率、是否为可行技术）、污染物排放浓度（速率）、污染物排放量、排放口基本情况（高度、排气筒内径、温度、编号及名称、类型、地理坐标）、排放标准、监测要求（监测点位、监测因子、监测频次）。废气污染物排放源可列表说明，并在表格后以文字形式简单阐述其源强核算过程。结合源强、排放标准、污染治理措施等分析达标排放情况。生产设施开停炉（机）等非正常情况应分析频次、排放浓度、持续时间、排放量及措施。废气污染治理设施未采用污染防治可行技术指南、排污许可技术规范中可行技术或未明确规定为可行技术的，应简要分析其可行性。结合建设项目所在区域环境质量现状、环境保护目标、项目采取的污染治理措施及污染物排放强度、排放方式，定性分析废气排放的环境影响。

2. 废水

产排污环节、类别、污染物种类、污染物产生浓度和产生量、治理设施（处理能力、治理工艺、治理效率、是否为可行技术）、废水排放量、污染物排放量和浓度、排放方式（直接排放、间接排放）、排放去向、排放规律、排放口基本情况（编号及名称、类型、地理坐标）、排放标准、监测要求（监测点位、监测因子、监测频次）。结合源强、排放标准、污染治理措施等分析达标情况。废水污染治理设施未采用污染防治可行技术指南、排污许可技术规范中可行技术或未明确规定为可行技术的，应简要分析其可行性。废水间接排放的建设项目应从处理能力、处理工艺、设计进出水水质等方面，分析依托集中污水处理厂的可行性。

3. 噪声

明确噪声源、产生强度、降噪措施、排放强度、持续时间，分析厂界和环境保护目标达标情况，提出监测要求（监测点位、监测频次）。

4. 固体废物

明确产生环节、名称、属性（一般工业固体废物、危险废物及编码）、主要有毒有害物质名称、物理性状、环境危险特性、年度产生量、贮存方式、利用处置方式和去向、利用或处置量、环境管理要求。

5. 地下水、土壤

分析地下水、土壤污染源、污染物类型和污染途径，按照分区防控要求提出相应的防控措施，并根据分析结果提出跟踪监测要求（监测点位、监测因子、监测频次）。

6. 生态

产业园区外建设项目新增用地且用地范围内含有生态环境保护目标的，应明确保护措施。

7. 环境风险

明确有毒有害和易燃易爆等危险物质和风险源分布情况及可能影响途径，并提出相应环境风险防范措施。

8. 电磁辐射

明确电磁辐射源布局、发射功率、频率范围、天线特性参数、运行工况，以及电磁辐射场强分布情况、环境保护目标达标情况、监测要求（监测点位、监测频次）。当建设项目存在多个电磁辐射源时，应考虑其对环境保护目标的综合影响，并说明相应的环境保护措施。开展专项评价的环境要素，应在表格中填写主要环境影响评价结论。

（五）环境保护措施监督检查清单

按要素填写相关内容。

（六）结论

从环境保护角度，明确建设项目环境影响可行或不可行的结论（无须重复前文所述的项目概况、具体的影响分析及保护措施等内容）。

附表：填写建设项目污染物排放量汇总表，其中，现有工程污染物排放情况根据排污许可证执行报告填写，无排污许可证执行报告或执行报告中无相关内容的，通过监测数据核算现有工程污染物排放情况。

（七）其他要求

（1）涉密建设项目应按照国家有关规定执行，非涉密建设项目不应包含涉密数据及图件。

（2）报告表中含有知识产权、商业秘密等不可公开内容的应注明并说明理由，未注明的视为可公开内容。

（3）附图主要包括建设项目地理位置图、厂区平面布置图、环境保护目标分布图，根据项目实际情况可附具现状监测布点图、地下水和土壤跟踪监测布点图等。附图中应标明指北针、图例及比例尺等相关图件信息。

A-2 建设项目环境影响报告表编制技术指南（生态影响类）

一、适用范围

本指南适用《建设项目环境影响评价分类管理名录》中以生态影响为主要特征的建设项目环境影响报告表编制，包括：农业，林业，渔业，采矿业，电力、热力生产和供应业的水电、风电、光伏发电、地热等其他能源发电，房地产业，专业技术服务业，生态保护和环境治理业的泥石流等地质灾害治理工程，社会事业与服务业（不包括有化学或生物实验室的学校、胶片洗印厂、加油加气站、洗车场、汽车或摩托车维修场所、殡仪馆、动物医院），水利，交通运输业（不包括导航台站、供油工程、维修保障等配套工程）、管道运输业，海洋工程（不包括排海工程），其他以生态影响为主要特征的建设项目（不包括已单独制定建设项目环境影响报告表格式的核与辐射类建设项目）。

以生态影响为主要特征的建设项目环境影响报告表依据本指南进行填写，与本指南要求不一致的以本指南为准。

二、总体要求

在一般情况下，建设单位应按照本指南要求，组织填写建设项目环境影响报告表。建设项目产生的生态环境影响需要深入论证的，应按照环境影响评价相关技术导则开展专项评价工作。根据建设项目特点和涉及的环境敏感区类别，确定专项评价的类别，设置原则参照表 A-2，确有必要的可根据建设项目环境影响程度等实际情况适当调整。专项评价一般不超过两项，水利水电、交通运输（公路、铁路）、陆地石油和天然气开采类建设项目不超过三项。

表 A-2　专项评价设置原则表

专项评价的类别	涉及工程类别
地表水	水力发电：引水式发电、涉及调峰发电的工程； 人工湖、人工湿地：全部； 引水工程：全部（配套的管线工程除外）； 防洪除涝工程：包含水库的工程； 河湖整治：涉及清淤且底泥存在重金属污染的工程
地下水	陆地石油和天然气开采：全部； 地下水（含矿泉水）开采：全部； 水利、水电、交通等：含穿越可溶岩地层隧道的工程
生态	涉及环境敏感区（不包括饮用水水源保护区，以居住、医疗卫生、文化训练、科研、行政办公为主要功能的区域，以及文物保护单位）的工程
大气	油气、液体化工码头：全部； 干散货（含煤炭、矿石）、件杂、多用途、通用码头：涉及粉尘或挥发性有机物排放的工程
噪声	公路、铁路、机场等交通运输业涉及环境敏感区（以居住、医疗卫生、文化训练、科研、行政办公为主要功能的区域）的项目； 城市道路（不含维护，不含支路、人行天桥、人行地道）：全部
环境风险	石油和天然气开采：全部； 油气、液体化工码头：全部； 原油、成品油、自然气管线（不含城镇自然气管线、企业厂区内管线），危急化学品输送管线（不含企业厂区内管线）：全部

注："涉及环境敏感区"是指建立工程位于穿（跨）越（无害化通过的除外）环境敏感区，或环境影响范围涵盖环境敏感区。环境敏感区是指《建立工程环境影响评价分类治理名录》中针对该类工程所列的敏感区。

三、具体编制要求

（一）建设项目基本情况

建设项目名称：指立项批复时的项目名称。无立项批复则为可行性研究报告或相关设计文件的项目名称。

项目代码：指发展改革部门核发的唯一项目代码。若发展改革部门未核发项目代码，此项填"无"。

建设地点：指项目具体建设地址。线性工程等涉及地点较多的，可根据实际情况填写至区县级或乡镇级行政区，海洋工程建设地点应明确项目所在海域位置。

地理坐标：指建设地点中心坐标，线性工程填写起点、终点及沿线重要节点坐标。坐标经纬度采用度分秒（秒保留 3 位小数）。

建设项目行业类别：指《建设项目环境影响评价分类管理名录》中项目行业具体类别。

用地（用海）面积（m^2）/长度（km）：用地面积包括永久用地和临时用地。租用建筑物的建设项目填写实际租用面积。海洋工程填写占用的海域面积。线性工程填写用地面积及线路长度。改建、扩建工程填写新增用地面积。

是否开工建设：填写是否开工建设。存在“未批先建”违法行为的，填写已建设内容、处罚及执行情况。

专项评价设置情况：需要设置专项评价的，填写专项评价名称，并参照表 A-2 说明设置理由。未设置专项评价的，填写“无”。

规划情况：填写建设项目所依据的流域、交通等行业或专项规划等相关规划的名称、审批机关、审批文件名称及文号。无相关规划的，填写“无”。

规划环境影响评价情况：填写规划环境影响评价文件的名称、召集审查机关、审查文件名称及文号。未开展规划环境影响评价的，填写“无”。

规划及规划环境影响评价符合性分析：分析建设项目与相关规划、规划环境影响评价结论及审查意见的符合性。

其他符合性分析：分析建设项目与所在地“三线一单”（生态保护红线、环境质量底线、资源利用上线和生态环境准入清单），以及相关生态环境保护法律法规政策、生态环境保护规划的符合性。

（二）建设内容

地理位置：填写项目所在行政区、流域（海域）位置。线性工程填写线路总体走向（起点、终点及途经的省、地级或县级行政区）。建设内容涉及河流（湖库、海洋）的项目填写所在行政区及所在流域（海域）、河流（湖库）。

项目组成及规模：填写主体工程、辅助工程、环保工程、依托工程、临时工程等工程内容，建设规模及主要工程参数，资源开发类建设项目还应说明开发方式。水利水电项目应明确工程任务及相应的建设内容、工程运行方式。

总平面及现场布置：简述工程布局情况和施工布置情况。

施工方案：填写施工工艺、施工时序、建设周期等内容。

其他：填写比选方案等其他内容。比选方案主要包括建设项目选址选线、工程布局、施工布置和工程运行方案等。无相关内容的，填写“无”。

（三）生态环境现状、保护目标及评价标准

生态环境现状：说明主体功能区规划和生态功能区划情况，以及项目用地及周边与项目生态环境影响相关的生态环境现状。其中，陆生生态现状应说明项目影响区域的土地利用类型、植被类型，水利水电等涉及河流的项目应说明所在流域现状及影响区域的水生生物现状，海洋工程项目应说明影响区域的海域开发利用类型、海洋生物现状，明确影响区域内重点保护野生动植物（含陆生和水生）及其生境分布情况，说明与建设项目的具体位置关系；项目涉及的水、大气、声、土壤等其他环境要素，应明确项目所在区域的环境质量现状。

开展专项评价的环境要素，应按照环境影响评价相关技术导则要求进行现状调查和评价，并在表格中填写其现状调查和评价结果概要。不开展专项评价的环境要素，引用与项目距离近的有效数据和调查资料，包括符合时限要求的规划环境影响评价监测数据和调查资料，国家、地方环境质量监测网数据或生态环境主管部门公开发布的生态环境质量数据等；无相关数据的，大气、固定声源环境质量现状监测参照《建设项目环境影响报告表编制技术指南（污染影响类）》相关规定开展补充监测，水、生态、土壤等其他环境要素参照环境影响评价相关技术导则开展补充监测和调查。

与项目有关的原有环境污染和生态破坏问题：改建、扩建和技术改造项目，说明现有工程履行环境影响评价、竣工环境保护验收、排污许可手续等情况，阐述与该项目有关的原有环境污染和生态破坏问题，并提出整改措施。

生态环境保护目标：按照环境影响评价相关技术导则要求确定评价范围并识别环境保护目标。填写环境保护目标的名称、与建设项目的位置关系、规模、主要保护对象和涉及的功能分区等。

评价标准：填写建设项目相关的国家和地方环境质量、污染物排放控制等标准。

其他：按照国家及地方相关政策规定，填写总量控制指标等其他相关内容。

（四）生态环境影响分析

结合建设项目特点，识别施工期、运营期可能产生生态破坏和环境污染的主要环节、因素，明确影响的对象、途径和性质，分析影响范围和影响程度。开展专项评价的环境要素，应按照环境影响评价相关技术导则要求进行影响分析，并在表格中填写影响分析结果概要；不开展专项评价的环境要素，环境影响以定性分析为主。涉及环境敏感区的，

应单独列出相关影响内容。涉及污染影响的，参照《建设项目环境影响报告表编制技术指南（污染影响类）》分析。

选址选线环境合理性分析：从环境制约因素、环境影响程度等方面分析选址选线的环境合理性，有不同方案的应进行环境影响对比分析，从环境角度提出推荐方案。

（五）主要生态环境保护措施

应针对建设项目生态环境影响的对象、范围、时段、程度，参照环境影响评价相关技术导则要求，提出避让、减缓、修复、补偿、管理、监测等对策措施，分析措施的技术可行性、经济合理性、运行稳定性、生态保护和修复效果的可达性，选择技术先进、经济合理、便于实施、运行稳定、长期有效的措施，明确措施的内容、设施的规模及工艺、实施部位和时间、责任主体、实施保障、实施效果等，并估算（概算）环境保护投资，环境监测计划应明确监测因子、监测点位、监测频次、监测方法等。各要素应明确影响评价结论。

对重点保护野生植物造成影响的，应提出就地保护、迁地保护等措施，生态修复宜选用本地物种以防外来生物入侵。对重点保护野生动物及其栖息地造成影响的，应提出优化工程施工方案、运行方式，实施物种救护，划定栖息地保护区域，开展栖息地保护与修复，构建活动廊道或建设食源地等措施。项目建设产生阻隔影响的，应提出野生动物通道、过鱼设施等措施。

涉及河流、湖泊或海域治理的，应尽量塑造近自然水域形态和亲水岸线，尽量避免采取完全硬化措施。水利水电项目应结合工程实施前后的水文情势变化情况、已批复的所在河流生态流量（水量）管理与调度方案等相关要求，确定合适的生态流量；具备调蓄能力且有生态需求的，应提出生态调度方案。

涉及生态修复的，应充分考虑项目所在地周边资源禀赋、自然生态条件，因地制宜，制定生态修复方案，重建与当地生态系统相协调的植被群落，恢复生物多样性。涉及噪声影响的，从噪声源、传播途径、声环境保护目标等方面采取噪声防治措施；在技术经济可行条件下，优先考虑对噪声源和传播途径采取工程技术措施，实施噪声主动控制。

涉及其他污染影响的，参照《建设项目环境影响报告表编制技术指南（污染影响类）》提出污染治理措施。

涉及环境风险的，应根据风险源分布情况及可能影响途径，提出环境风险防范措施。

涉及环境敏感区的，应单独列出相关生态环境保护措施内容。

其他：填写未包含在前述要求的其他内容。

环保投资：填写各项生态环境保护措施的估算（概算）投资，主要包括预防和减缓建设项目不利环境影响采取的各项生态保护、污染治理和环境风险防范等生态环境保护措施和设施的建设费用、运行维护费用，直接为建设项目服务的环境管理与监测费用以及相关科研费用等。

（六）生态环境保护措施

监督检查清单按要素填写相关内容。验收要求填写各项措施验收时达到的标准或效果等要求。

（七）结论

从环境保护角度，明确建设项目环境影响可行或不可行的结论（无须重复前文所述的建设内容、具体的影响分析及保护措施等内容）。

（八）其他要求

（1）涉密建设项目应按照国家有关规定执行，非涉密建设项目不应包含涉密数据及图件。

（2）报告表中含有知识产权、商业秘密等不可公开内容的应注明并说明理由，未注明的视为可公开内容。

（3）附图主要包括建设项目地理位置图、线路走向图（线性工程）、所在流域水系图（涉水工程）、工程总平面布置图、施工总布置图、生态环境保护目标分布及位置关系图、生态环境监测布点图（包括现状监测布点图和监测计划布点图）、主要生态环境保护措施设计图（包括生态环境保护措施平面布置示意图、典型措施设计图）等。附图中应标明指北针、图例及比例尺等相关图件信息。

附录 B　建设项目环境影响报告表

建设项目环境影响报告表

（污染影响类）

项目名称：______________________

建设单位（盖章）：______________________

编制日期：______________________

中华人民共和国生态环境部制

一、建设项目基本情况

建设项目名称			
项目代码			
建设单位联系人		联系方式	
建设地点	______省（自治区）______市______县（区）_____乡（街道）______（具体地址）		
地理坐标	（______度______分______秒，_____度______分______秒）		
国民经济行业类别		建设项目行业类别	
建设性质	□新建（迁建） □改建 □扩建 □技术改造	建设项目申报情形	□首次申报项目 □不予批准后再次申报项目 □超五年重新审核项目 □重大变动重新报批项目
项目审批（核准/备案）部门（选填）		项目审批（核准/备案）文号（选填）	
总投资（万元）		环保投资（万元）	
环保投资占比（%）		施工工期	
是否开工建设	□否 □是：_______	用地（用海）面积（m^2）	
专项评价设置情况			
规划情况			
规划环境影响评价情况			
规划及规划环境影响评价符合性分析			
其他符合性分析			

二、建设项目工程分析

建设内容	
工艺流程和产排污环节	
与项目有关的原有环境污染问题	

三、区域环境质量现状、环境保护目标及评价标准

区域环境质量现状	
环境保护目标	
污染物排放控制标准	
总量控制指标	

四、主要环境影响和保护措施

施工期环境保护措施	
运营期环境影响和保护措施	

五、环境保护措施监督检查清单

要素 \ 内容	排放口（编号、名称）/污染源	污染物项目	环境保护措施	执行标准
大气环境				
地表水环境				
声环境				
电磁辐射				
固体废物				
土壤及地下水污染防治措施				
生态保护措施				
环境风险防范措施				
其他环境管理要求				

六、结论

结论
建议
综合结论

表 B-1　建设项目污染物排放量汇总表

分类＼项目	污染物名称	现有工程排放量（固体废物产生量）①	现有工程许可排放量②	在建工程排放量（固体废物产生量）③	本项目排放量（固体废物产生量）④	以新带老削减量（新建项目不填）⑤	本项目建成后全厂排放量（固体废物产生量）⑥	变化量⑦
废气								
废水								
一般工业固体废物								
危险废物								

注：⑥ = ① + ③ + ④ − ⑤；⑦ = ⑥ − ①。

表 B-2　编制单位和编制人员情况表

<table>
<tr><td colspan="2">项目编号</td><td colspan="2"></td></tr>
<tr><td colspan="2">建设项目名称</td><td colspan="2"></td></tr>
<tr><td colspan="2">建设项目类别</td><td colspan="2"></td></tr>
<tr><td colspan="2">环境影响评价文件类型</td><td colspan="2"></td></tr>
<tr><td colspan="4">一、建设单位情况</td></tr>
<tr><td colspan="2">单位名称（盖章）</td><td colspan="2"></td></tr>
<tr><td colspan="2">统一社会信用代码</td><td colspan="2"></td></tr>
<tr><td colspan="2">法定代表人（签章）</td><td colspan="2"></td></tr>
<tr><td colspan="2">主要负责人（签字）</td><td colspan="2"></td></tr>
<tr><td colspan="2">直接负责的主管人员（签字）</td><td colspan="2"></td></tr>
<tr><td colspan="4">二、编制单位情况</td></tr>
<tr><td colspan="2">单位名称（盖章）</td><td colspan="2"></td></tr>
<tr><td colspan="2">统一社会信用代码</td><td colspan="2"></td></tr>
<tr><td colspan="4">三、编制人员情况</td></tr>
<tr><td colspan="4">1. 编制主持人</td></tr>
<tr><td>姓名</td><td>职业资格证书管理号</td><td>信用编号</td><td>签字</td></tr>
<tr><td></td><td></td><td></td><td></td></tr>
<tr><td colspan="4">2. 主要编制人员</td></tr>
<tr><td>姓名</td><td>主要编写内容</td><td>信用编号</td><td>签字</td></tr>
<tr><td></td><td></td><td></td><td></td></tr>
<tr><td></td><td></td><td></td><td></td></tr>
<tr><td></td><td></td><td></td><td></td></tr>
<tr><td></td><td></td><td></td><td></td></tr>
</table>

注：该表由环境影响评价信用平台自动生成。

建设项目环境影响报告表

（生态影响类）

项目名称：______________________________

建设单位（盖章）：______________________

编制日期：______________________________

中华人民共和国生态环境部制

一、建设项目基本情况

建设项目名称			
项目代码			
建设单位联系人		联系方式	
建设地点	______省（自治区）______市______县（区）______乡（街道） ______（具体地址）		
地理坐标	（______度______分______秒，______度______分______秒）		
建设项目 行业类别		用地（用海）面积（m^2）/长度（km）	
建设性质	□新建（迁建） □改建 □扩建 □技术改造	建设项目 申报情形	□首次申报项目 □不予批准后再次申报项目 □超五年重新审核项目 □重大变动重新报批项目
项目审批（核准/备案）部门（选填）		项目审批（核准/备案）文号（选填）	
总投资（万元）		环保投资（万元）	
环保投资占比（%）		施工工期	
是否开工建设	□否 □是：______________________________		
专项评价设置情况			
规划情况			
规划环境影响 评价情况			
规划及规划环境影响评价 符合性分析			
其他符合性分析			

二、建设内容

地理位置	
项目组成及规模	
总平面及现场布置	
施工方案	
其他	

三、生态环境现状、保护目标及评价标准

生态环境现状	
与项目有关的原有环境污染和生态破坏问题	
生态环境保护目标	
评价标准	
其他	

四、生态环境影响分析

施工期生态环境影响分析	
运营期生态环境影响分析	
选址选线环境合理性分析	

五、主要生态环境保护措施

施工期生态环境保护措施	
运营期生态环境保护措施	
其他	
环保投资	

六、生态环境保护措施监督检查清单

内容 要素	施工期		运营期	
	环境保护措施	验收要求	环境保护措施	验收要求
陆生生态				
水生生态				
地表水环境				
地下水及土壤环境				
声环境				
振动				
大气环境				
固体废物				
电磁环境				
环境风险				
环境监测				
其他				

七、结论

结论
建议
综合结论

表 B-3 编制单位和编制人员情况表

<table>
<tr><td colspan="2">项目编号</td><td colspan="2"></td></tr>
<tr><td colspan="2">建设项目名称</td><td colspan="2"></td></tr>
<tr><td colspan="2">建设项目类别</td><td colspan="2"></td></tr>
<tr><td colspan="2">环境影响评价文件类型</td><td colspan="2"></td></tr>
<tr><td colspan="4">一、建设单位情况</td></tr>
<tr><td colspan="2">单位名称（盖章）</td><td colspan="2"></td></tr>
<tr><td colspan="2">统一社会信用代码</td><td colspan="2"></td></tr>
<tr><td colspan="2">法定代表人（签章）</td><td colspan="2"></td></tr>
<tr><td colspan="2">主要负责人（签字）</td><td colspan="2"></td></tr>
<tr><td colspan="2">直接负责的主管人员（签字）</td><td colspan="2"></td></tr>
<tr><td colspan="4">二、编制单位情况</td></tr>
<tr><td colspan="2">单位名称（盖章）</td><td colspan="2"></td></tr>
<tr><td colspan="2">统一社会信用代码</td><td colspan="2"></td></tr>
<tr><td colspan="4">三、编制人员情况</td></tr>
<tr><td colspan="4">1．编制主持人</td></tr>
<tr><td>姓名</td><td>职业资格证书管理号</td><td>信用编号</td><td>签字</td></tr>
<tr><td></td><td></td><td></td><td></td></tr>
<tr><td colspan="4">2．主要编制人员</td></tr>
<tr><td>姓名</td><td>主要编写内容</td><td>信用编号</td><td>签字</td></tr>
<tr><td></td><td></td><td></td><td></td></tr>
<tr><td></td><td></td><td></td><td></td></tr>
<tr><td></td><td></td><td></td><td></td></tr>
<tr><td></td><td></td><td></td><td></td></tr>
</table>

注：该表由环境影响评价信用平台自动生成。

附录 C　环境现场调查表

项目名称：

合同编号： 日期：

现场踏勘人员名单： 填表人：

表 C-1 所需环评资料收集情况统计表

序 号	资料名称	有	无
1	环评委托书		
2	立项批文（发展改革委、计划局）		
3	可行性研究报告（项目建议书）		
4	总量控制指标（生态环境局）		
5	规划资料（环境功能区划、城市总体规划、工业区规划）		
6	厂区平面布置图		
7	周边关系示意图		
8	土地利用有关文件（土地征用批文、建设项目选址意见书）		
9	产品方案表		
10	主要原辅材料及数量清单（包括原辅材料、水、电、煤、气）		
11	生产设备清单		
12	锅炉监测报告		
13	煤质分析报告		
12	其他企业信息资料		

表 C-2 企业基本信息表

<table>
<tr><td>企业名称</td><td colspan="5"></td></tr>
<tr><td>法人</td><td colspan="2"></td><td>联系电话</td><td colspan="2"></td></tr>
<tr><td>地址</td><td colspan="3"></td><td>邮编</td><td></td></tr>
<tr><td colspan="2" rowspan="2">项目协调联系人</td><td rowspan="2"></td><td>联系电话</td><td colspan="2"></td></tr>
<tr><td>传真</td><td colspan="2"></td></tr>
<tr><td colspan="2">技术部门联系人</td><td></td><td>联系电话</td><td colspan="2"></td></tr>
<tr><td colspan="2">后勤部门联系人</td><td></td><td>联系电话</td><td colspan="2"></td></tr>
</table>

表 C-3　企业（项目）基本概况

<table>
<tr><td rowspan="6">厂区占地面积</td><td colspan="2">总占地面积（m^2）</td><td colspan="2"></td><td>绿化面积（m^2）</td><td></td></tr>
<tr><td rowspan="4">总建筑面积</td><td>主生产车间</td><td colspan="4"></td></tr>
<tr><td>辅助生产车间</td><td colspan="4"></td></tr>
<tr><td>办公室</td><td colspan="4"></td></tr>
<tr><td>后勤保障</td><td colspan="4"></td></tr>
<tr><td>住宿</td><td colspan="2">人</td><td>洗浴</td><td colspan="2">有　　无</td></tr>
<tr><td>定员</td><td>劳动定员</td><td>总定员</td><td></td><td>管理人员</td><td></td><td>生产工人</td></tr>
<tr><td rowspan="2">生产制度</td><td rowspan="2">生产制度</td><td colspan="2">年生产天数</td><td colspan="3"></td></tr>
<tr><td>班次</td><td></td><td>每班工作时间</td><td colspan="2"></td></tr>
<tr><td rowspan="7">食堂</td><td colspan="2">日最高就餐人数</td><td colspan="2"></td><td>灶眼数</td><td></td></tr>
<tr><td colspan="6">油烟净化措施</td></tr>
<tr><td>名称</td><td colspan="2"></td><td>型号</td><td></td><td>数量</td></tr>
<tr><td>效率</td><td></td><td>风量</td><td></td><td></td><td></td></tr>
<tr><td colspan="6">隔油池</td></tr>
<tr><td>设备名称</td><td></td><td>型号</td><td colspan="3"></td></tr>
</table>

表 C-4　公用工程

<table>
<tr><td rowspan="6">给排水</td><td>总用水量</td><td></td><td>循环用水量</td><td></td></tr>
<tr><td>生产用水</td><td></td><td>来源</td><td></td></tr>
<tr><td>生活用水</td><td></td><td>来源</td><td></td></tr>
<tr><td>饮用水解决方法</td><td colspan="3"></td></tr>
<tr><td>生产废水排放量</td><td></td><td>排放去向</td><td></td></tr>
<tr><td>生活污水排放量</td><td></td><td>如使用化粪池其容积为</td><td></td></tr>
<tr><td rowspan="2">取暖方式</td><td>自备锅炉</td><td>空调</td><td>集中供暖</td><td>不供暖</td></tr>
<tr><td>锅炉型号</td><td></td><td>燃煤量</td><td></td></tr>
<tr><td>供电</td><td>电源的供给方式</td><td></td><td>年用电量</td><td></td></tr>
</table>

表 C-5 生产工艺

主要产品及产量	名称		单位		数量
主要生产设备					
主要原辅材料	序号	材料名称	来源	规格	消耗量
	1				
	2				
	3				
	4				
	5				
生产工艺					
关键工序					
主要用水环节					
主要产排污环节					

表 C-6 环保措施

锅炉 生产（ ） 采暖（ ）	锅炉数量			
	型号			
	燃料类型：			
	燃气（油）量		燃煤量（吨/年）	
锅 炉 烟 囱	烟囱高度（m）		烟囱直径（m）	
	烟囱位置			

废气处理设施	名称	型号	效率	投资	风量	风压	排气筒高度	排气筒直径

废水处理设施	主要污染物	设施名称	型号	采用工艺

噪声处理设施	主要噪声源				处理方法	投资
	产噪位置	设备名称	噪声源强	距厂界距离		

固体废物产生量及处置方法（包括边角废料及焊渣等）	固体废物名称	产生量（吨/年）	处置方法

表 C-7　周边环境调查

	敏感点名称	敏感点规模	方位	最近水平距离/m
环境敏感点				

参 考 文 献

[1] 北京市环境保护科学研究院. 环境影响评价典型实例[M]. 北京：化学工业出版社，2002.

[2] 白志鹏，王珺质，游燕. 环境风险评价[M]. 北京：高等教育出版社，2009.

[3] 蔡建安，王诗生，郭丽娜. 环境质量评价与系统分析[M]. 合肥：合肥工业大学出版社，2006.

[4] 陈凯麒，江春波. 地表水环境影响评价数值模拟方法及应用[M]. 北京：中国环境出版社，2018.

[5] 陈凯麒，王东胜，麦方代，等. 环境影响后评价理论、技术与实践[M]. 北京：中国环境出版社，2014.

[6] 陈泽宏. 环境影响评价基础技术[M]. 北京：中国环境出版社，2010.

[7] 晁春艳. 环境影响评价技术导则与标准[M]. 天津：天津大学出版社，2014.

[8] 程水源，崔建升，刘建秋. 建设项目与区域环境影响评价[M]. 北京：中国环境出版社，2003.

[9] 丁桑岚. 环境评价概论[M]. 北京：化学工业出版社，2001.

[10] 李祚泳，丁晶，彭荔红. 环境质量评价原理与方法[M]. 北京：化学工业出版社，2004.

[11] 董黎明. 轻工业环境影响评价案例分析[M]. 北京：中国标准出版社，2012.

[12] 都小尚，郭怀成. 区域规划环境影响评价方法及应用研究[M]. 北京：科学出版社，2012.

[13] 环境保护部环境影响评价管理司. 环境影响评价培训教材[M]. 北京：化学工业出版社，2010.

[14] 国家环境保护局开发监督司. 环境影响评价技术原则和方法[M]. 北京：北京大学出版社，1992.

[15] 韩香云，丁成，陈天明. 建设项目环境影响评价实训教程[M]. 北京：化学工业出版社，2016.

[16] 胡二邦. 环境风险评价实用技术、方法和案例[M]. 北京：中国环境出版社，2009.

[17] 环境保护部环境监测司. 环境监测管理制度汇编[M]. 北京：中国环境出版社，2016.

[18] 环境保护部环境影响评价工程师职业资格登记办公室. 农林水利类环境影响评价[M]. 北京：中国环境出版社，2010.

[19] 环境保护部环境工程评估中心. 环境影响评价资质管理政策法规[M]. 北京：中国环境出版社，2015.

[20] 环境保护部环境影响评价司. 战略环境影响评价案例讲评[M]. 北京：中国环境出版社，2011.

[21] 环境保护部环境工程评估中心. 海洋工程类环境影响评价[M]. 北京：中国环境出版社，2012.

[22] 环境保护部环境影响评价工程师职业资格登记管理办公室. 轻工纺织类环境影响评价[M]. 中国环境出版社，2012.

[23] 环境保护部环境工程评估中心. 社会区域类环境影响评价[M]. 北京：中国环境出版社，2014.

[24] 黄晓慧. 环境影响评价法制的移植与超越[M]. 北京：中国政法大学出版社，2015.

[25] 何德文. 环境影响评价[M]. 北京：科学出版社，2018.

[26] 黄健平，宋新山，李海华. 环境影响评价[M]. 北京：化学工业出版社，2013.

[27] 环境影响评价案例分析试题解析[M]. 北京：中国环境出版社，2016.

[28] 金腊华，潘涌璋，石雷，等. 环境影响评价[M]. 北京：化学工业出版社，2015.

[29] 李海波，赵锦慧. 环境影响评价实用教程[M]. 北京：中国地质大学出版社，2010.

[30] 刘胜祥，薛联芳. 水利水电工程生态环境影响评价技术研究[M]. 北京：中国环境出版社，2006.

[31] 李有，刘文霞，吴文娟. 环境影响评价实用教程[M]. 北京：化学工业出版社，2015.

[32] 林宗浩. 环境影响评价法制研究[M]. 北京：中国法制出版社，2011.

[33] 李文胜，谢峻铭，黄华. 建设项目环境影响评价污染源分析案例[M]. 北京：化学工业出版社，2017.

[34] 刘丽娟，王心乐，陈泽宏. 水环境影响评价技术[M]. 北京：化学工业出版社，2017.

[35] 李庄，朱邦辉，刘青龙. 环境影响评价[M]. 武汉：武汉理工大学出版社，2015.

[36] 刘晓冰. 环境影响评价[M]. 北京：中国环境出版社，2012.

[37] 梁晓星，汪葵，邓喜红，等. 环境影响评价[M]. 广州：华南理工大学出版社，2009.

[38] 陆忠民. 风电场环境影响评价[M]. 北京：中国水利水电出版社，2016.

[39] 陆书玉，栾胜基，朱坦. 环境影响评价[M]. 北京：高等教育出版社，2001.

[40] 刘绮，潘伟斌. 环境质量评价[M]. 广州：华南理工大学出版社，2004.

[41] 陆雍森. 环境评价[M]. 上海：同济大学出版社，1999.

[42] 梁耀开. 环境评价与管理[M]. 北京：中国轻工业出版社，2002.

[43] 柳知非，周贵中，张焕云. 环境影响评价[M]. 北京：中国电力出版社，2017.

[44] 马太玲，张江山. 环境影响评价[M]. 武汉：华中科技大学出版社，2012.

[45] 孙佑海，唐忠辉，薄晓波. 战略环境影响评价制度创新研究[M]. 北京：中国环境出版社，2014.

[46] 孙福丽，张雪飞，李喆. 中国环境影响评价管理[M]. 北京：中国环境出版社，2010.

[47] 沈洪艳. 环境影响评价教程[M]. 北京：化学工业出版社，2017.

[48] 宋保平，彭林，张素珍. 环境影响评价实训教程[M]. 北京：中国环境出版社， 2016.

[49] 生态环境部环境工程评估中心. 环境影响评价案例分析[M]. 北京：中国环境出版社，2020.

[50] 生态环境部环境工程评估中心. 环境影响评技术导则与标准[M]. 北京：中国环境出版社，2020.

[51] 生态环境部环境工程评估中心. 环境影响相关法律法规[M]. 北京：中国环境出版社，2020.

[52] 生态环境部环境工程评估中心. 环境影响技术方法[M]. 北京：中国环境出版社，2020.

[53] 田子贵，顾玲. 环境影响评价[M]. 北京：化学工业出版社，2004.

[54] 王栋成. 大气环境影响评价实用技术[M]. 北京：中国标准出版社，2010.

[55] 汪诚文. 环境影响评价[M]. 北京：高等教育出版社，2017.

[56] 王罗春，蒋海涛，胡晨燕，等. 环境影响评价[M]. 北京：冶金工业出版社，2012.

[57] 王宁，孙世军，张雪花，等. 环境影响评价[M]. 北京：北京大学出版社，2013.

[58] 翁燕波，付强，傅晓钦，等. 环境应急监测技术与管理[M]. 北京：化学工业出版社，2014.

[59] 吴满昌. 环境影响评价监督机制研究[M]. 北京：中国环境科学出版社，2013.

[60] 吴卫东，颜延良，丁淑杰. 环境影响评价[M]. 北京：中国劳动社会保障出版社，2010.

[61] 吴邦灿，李国刚，邢冠华. 环境监测质量管理[M]. 北京：中国环境出版社，2012.

[62] 徐新阳，陈熙. 环境评价教程[M]. 北京：化学工业出版社，2010.

[63] 徐鹤. 规划环境影响评价技术方法研究[M]. 北京：科学出版社，2015.

[64] 余秋良，杨硕，曾锋. 环境影响评价法律法规[M]. 北京：化学工业出版社，2017.

[65] 叶文虎，栾胜基. 环境质量评价学[M]. 北京：高等教育出版社，1994.

[66] 杨仁斌. 环境质量评价[M]. 北京：中国农业出版社，2006.

[67] 张从. 环境评价教程[M]. 北京：中国环境出版社，2002.

[68] 赵毅. 环境质量评价[M]. 北京：中国电力出版社，1997.

[69] 郑有飞，周宏仓，郭照冰，等. 环境影响评价教程[M]. 北京：气象出版社，2008.

[70] 郑铭. 环境影响评价导论[M]. 北京：化学工业出版社，2003.

[71] 张征. 环境评价学[M]. 北京：高等教育出版社，2004.

[72] 中国法制出版社编. 规划环境影响评价条例[M]. 北京：中国法制出版社，2009.

[73] 周雄. 环境影响评价案例分析精解[M]. 北京：中国建筑工业出版社，2011.

[74] 周兆驹. 声环境影响评价与噪声控制实用技术[M]. 北京：机械工业出版社，2016.

[75] 朱世云，林春绵. 环境影响评价[M]. 北京：化学工业出版社，2007.